化工仿真实验

主编　沈王庆　李国琴　黄文恒

西南交通大学出版社
·成　都·

图书在版编目（ＣＩＰ）数据

化工仿真实验 / 沈王庆，李国琴，黄文恒主编. —
成都：西南交通大学出版社，2022.9
ISBN 978-7-5643-8914-7

Ⅰ. ①化… Ⅱ. ①沈… ②李… ③黄… Ⅲ. ①化学工
业 – 计算机仿真 – 实验 – 高等学校 – 教材　Ⅳ.
①TQ015.9-33

中国版本图书馆 CIP 数据核字（2022）第 169259 号

Huagong Fangzhen Shiyan

化工仿真实验

主　编／沈王庆　李国琴　黄文恒

责任编辑／牛　君
封面设计／原谋书装

西南交通大学出版社出版发行

（四川省成都市金牛区二环路北一段 111 号西南交通大学创新大厦 21 楼　610031）
发行部电话：028-87600564　　028-87600533
网址：http://www.xnjdcbs.com
印刷：四川森林印务有限责任公司

成品尺寸　185 mm×260 mm
印张　12.5　字数　274 千
版次　2022 年 9 月第 1 版　印次　2022 年 9 月第 1 次

书号　ISBN 978-7-5643-8914-7
定价　39.00 元

课件咨询电话：028-81435775
图书如有印装质量问题　本社负责退换
版权所有　盗版必究　举报电话：028-87600562

　　由于化工设备通常体积较大，且昂贵；化工操作具有一定的危险性，因此化工教学适合利用仿真进行。化工仿真教学不仅仅是一种新的教学方法，也是一种将理论与实践相结合的新教学手段，更是未来智能化教育的基础。仿真教学是具有综合作用的教育手段，学生置身于化工仿真环境中，可以充分调动感觉、运动和思维，极大地提高学习效率。

　　化工仿真实验主要内容包括化工单元仿真实验、合成氨仿真实验、硫黄制硫酸工艺仿真实验和尿素工艺仿真实验。化工单元仿真实验主要介绍离心泵、列管换热器、管式加热炉系统、萃取塔、精馏塔、吸收解吸等的仿真实验操作，共 14 个实验。合成氨仿真实验主要介绍净化工段仿真、转化工段仿真及合成工段仿真，共 3 个实验。计算机硬件建议使用的配置为四核 CPU，主频大于 2.4 GHz；内存为 16 GB 及以上；硬盘容量为 500 GB 以上，SSD 类型；GTX-970 及以上且支持 OpenGL ES 2.0 的显卡；屏幕分辨率为 16∶9 且横向宽屏。系统的所有功能模块使用 Unity 3D（版本号 V5.5.0 及以上）引擎或 ideaVR 虚拟现实平台来开发；系统中的三维场景 3D 模型使用 Autodesk 旗下的 3D MAX、MAYA（版本不限）来制作；系统中的界面 UI 交互效果使用 Adobe 旗下的 Photoshop、Illustrator（版本不限）等工具来设计。

本书适用于化学工程与工艺、应用化学、化学工程等化学、材料相关专业学生学习，同时也适用于化工企业相关技术人员培训。通过该教材的学习，学员可以基本掌握化工基本单元、合成氨、硫黄制硫酸、尿素的工艺流程和操作方法，为提高自己的专业技能、尽快进入生产现场奠定良好的基础。

编者经过共同的努力完成本书的编写工作。感谢教材编写过程中北京东方仿真有限公司、莱帕克（北京）科技有限公司等企业提供的相关技术及材料支持。感谢内江师范学院 2019 "校级教材"项目（JC201903）提供的资金支持。最后感谢西南交通大学出版社对本书出版的支持。

由于编者水平有限，书中还有诸多不足之处，敬请各位读者批评、指正。

编　者

2022 年 4 月

目录

第一章
化工单元仿真实验

化工单元操作是指包含在不同化工产品生产过程中，发生同样物理变化，遵循共同的物理学规律，使用相似设备，具有相同功能的基本物理操作。本章介绍了几种常用的单元操作，如遵循流体动力学基本规律的单元操作：离心泵、压缩机、CO_2 压缩机、流化床反应器仿真；遵循热量传递基本规律的单元操作：换热器、管式加热炉、锅炉仿真；遵循质量传递基本规律的单元操作：萃取塔、吸收解析、精馏塔仿真；还补充介绍了间歇反应釜单元仿真、罐区单元仿真、液位控制系统单元操作仿真和真空单元仿真。

实验一　离心泵单元仿真实验

一、实验目的

（1）掌握离心泵的工作原理和结构。
（2）掌握离心泵的正常开车、停车的操作规程。
（3）了解离心泵常见事故的主要现象与处理方法。

二、工艺流程说明

1. 离心泵工作原理基础

在工业生产和国民经济的许多领域，常需对液体进行输送或加压，能完成此类任务的机械称为泵。而其中靠离心作用的叫离心泵。由于离心泵具有结构简单，性能稳定，检修方便，操作容易和适应性强等特点，在化工生产中应用十分广泛，据统计超过液体输送设备的 80%。所以，离心泵的操作是化工生产中的最基本的操作。

离心泵由吸入管、排出管和离心泵主体组成。离心泵主体分为转动部分和固定部分。转动部分由电机带动旋转，将能量传递给被输送的部分，主要包括叶轮和泵轴。固定部分包括泵壳、导轮、密封装置等（图 1-1）。叶轮是离心泵中使液体接受外加能量的部件。泵轴的作用是把电动机的能量传递给叶轮。泵壳是通道截面积逐渐扩大的蜗形壳体，它将液体限定在一定的空间里，并将液体大部分动能转化为静压能。导轮是一组与叶轮旋转方向相适应且固定于泵壳上的叶片。密封装置的作用是防止液体的泄漏或空气的倒吸入泵。

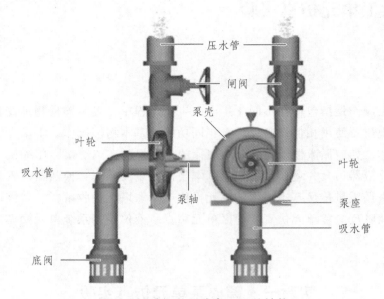

图 1-1　单级单吸式离心泵的结构

　　启动灌满了被输送液体的离心泵后，在电机的作用下，泵轴带动叶轮一起旋转，叶轮的叶片推动其间的液体转动，在离心力的作用下，液体被甩向叶轮边缘并获得动能；在导轮的引领下沿流通截面积逐渐扩大的泵壳流向排出管，液体流速逐渐降低，而静压能增大。排出管的增压液体经管路即可送往目的地。与此同时，叶轮中心因为液体被甩出而形成一定的真空，因储槽液面上方压强大于叶轮中心处，在压力差的作用下，液体不断从吸入管进入泵内，以填补被排出的液体位置。因此，只要叶轮不断旋转，液体便不断地被吸入和排出。由此，离心泵能输送液体，主要是依靠高速旋转的叶轮。

　　离心泵的操作中有两种现象应当避免：气缚和气蚀。

　　（1）气缚是指在启动泵前泵内没有灌满被输送的液体，或在运转过程中泵内渗入了空气，因为气体的密度小于液体，产生的离心力小，无法把空气甩出去，导致叶轮中心所形成的真空度不足以将液体吸入泵内，尽管此时叶轮在不停地旋转，却由于离心泵失去了自吸能力而无法输送液体，这种现象称为气缚。

　　（2）气蚀是指当储槽叶面的压力一定时，如叶轮中心的压力降低到等于被输送液体当前温度下的饱和蒸气压时，叶轮进口处的液体会出现大量的气泡，这些气泡随液体进入高压区后又迅速被压碎而凝结，致使气泡所在空间形成真空，周围的液体质点以极大的速度冲向气泡中心，造成瞬间冲击压力，从而使得叶轮部分很快损坏，同时伴有泵体振动，发出噪声，泵的流量、扬程和效率明显下降。

2. 工艺流程简介

离心泵是化工生产过程中输送液体的常用设备之一，其工作原理是靠离心泵内外压差不断地吸入液体，靠叶轮的高速旋转使液体获得动能，靠扩压管或导叶将动能转化为压力，从而达到输送液体的目的。其工艺流程（参考流程仿真界面）如图 1-2 所示：

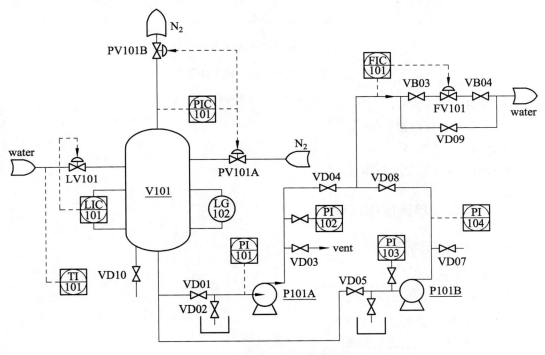

图 1-2　离心泵工艺流程

来自某一设备约 40 ℃的带压液体经调节阀 LV101 进入带压罐 V101，罐液位由液位控制器 LIC101 通过调节 V101 的进料量来控制；罐内压力由 PIC101 分程控制，PV101A、PV101B 分别调节进入 V101 和出 V101 的氮气量，从而保持罐压恒定在 5.0 atm①（表压）。罐内液体由泵 P101A/B 抽出，泵出口流量在流量调节器 FIC101 的控制下输送到其他设备。

3. 控制方案

V101 的压力由调节器 PIC101 分程控制，调节阀 PV101 的分程动作示意图如图 1-3 所示。

① 注：压强的法定计量单位为 Pa，但现阶段部分化工生产设备上使用的单位仍为 atm、kg/cm²、mmH₂O 等，为使学生熟悉生产实际，本书予以保留。其中 1 atm=1.01×10⁵ Pa，1 kg/cm²=98 kPa，1 mmH₂O=9.8 Pa。——编者注

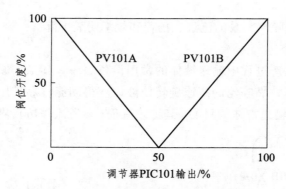

图 1-3　调节阀 PV101 的分程动作示意图

4. 设备一览

V101：离心泵前罐；

P101A：离心泵 A；

P101B：离心泵 B（备用泵）。

三、离心泵单元操作规程

（一）开车操作规程

1. 准备工作

（1）盘车。

（2）核对吸入条件。

（3）调整填料或机械密封装置。

2. 罐 V101 充液、充压

（1）向罐 V101 充液

① 打开 LIC101 调节阀，开度约为 30%，向 V101 罐充液。

② 当 LIC101 达到 50% 时，LIC101 设定 50%，投自动。

（2）罐 V101 充压

① 待 V101 罐液位>5% 后，缓慢打开分程压力调节阀 PV101A 向 V101 罐充压。

② 当压力升高到 5.0 atm 时，PIC101 设定 5.0 atm，投自动。

3. 启动泵前准备工作

（1）灌泵

待 V101 罐充压充到正常值 5.0 atm 后，打开 P101A 泵入口阀 VD01，向离心泵充液。观察 VD01 出口标志变为绿色后，说明灌泵完毕。

（2）排气

① 打开 P101A 泵后排气阀 VD03 排放泵内不凝性气体。

② 观察 P101A 泵后排空阀 VD03 的出口，当有液体溢出时，显示标志变为绿色，标志着 P101A 泵已无不凝气体，关闭 P101A 泵后排空阀 VD03，启动离心泵的准备工作已就绪。

4．启动离心泵

（1）启动离心泵

启动 P101A（或 B）泵。

（2）流体输送

① 待 PI102 指示比入口压力大 1.5~2.0 倍后，打开 P101A 泵出口阀（VD04）。

② 将 FIC101 调节阀的前阀、后阀打开。

③ 逐渐开大调节阀 FIC101 的开度，使 PI101、PI102 趋于正常值。

（3）调整操作参数

微调 FV101 调节阀，在测量值与给定值相对误差 5%范围内且较稳定时，FIC101 设定到正常值，投自动。

（二）正常操作规程

1．正常工况操作参数

（1）P101A 泵出口压力 PI102：12.0 atm。

（2）V101 罐液位 LIC101：50.0%。

（3）V101 罐内压力 PIC101：5.0 atm。

（4）泵出口流量 FIC101：20 000 kg/h。

2．负荷调整

可任意改变泵、按键的开关状态，手操阀的开度及液位调节阀、流量调节阀、分程压力调节阀的开度，观察其现象。

P101A 泵功率正常值：15 kW

FIC101 量程正常值：20 t/h

四、停车操作规程

1．V101 罐停进料

LIC101 置手动，并手动关闭调节阀 LV101，停 V101 罐进料。

2．停　泵

（1）待罐 V101 液位小于 10%时，关闭 P101A（或 B）泵的出口阀（VD04）。

（2）停 P101A 泵。

（3）关闭 P101A 泵前阀 VD01。

（4）FIC101 置手动并关闭调节阀 FV101 及其前、后阀（VB03、VB04）。

3. 泵 P101A 泄液

打开泵 P101A 泄液阀 VD02，观察 P101A 泵泄液阀 VD02 的出口，当不再有液体泄出时，显示标志变为红色，关闭 P101A 泵泄液阀 VD02。

4. V101 罐泄压、泄液

（1）待罐 V101 液位小于 10% 时，打开 V101 罐泄液阀 VD10。

（2）待 V101 罐液位小于 5% 时，打开 PIC101 泄压阀。

（3）观察 V101 罐泄液阀 VD10 的出口，当不再有液体泄出时，显示标志变为红色，待罐 V101 液体排净后，关闭泄液阀 VD10。

五、事故设置一览

1. P101A 泵坏

现象：（1）P101A 泵出口压力急剧下降。

（2）FIC101 流量急剧减小。

处理：切换到备用泵 P101B。

（1）全开 P101B 泵入口阀 VD05，向泵 P101B 灌液，全开排空阀 VD07 排 P101B 的不凝气，当显示标志为绿色后，关闭 VD07。

（2）灌泵和排气结束后，启动 P101B。

（3）待泵 P101B 出口压力升至入口压力的 1.5～2 倍后，打开 P101B 出口阀 VD08，同时缓慢关闭 P101A 出口阀 VD04，以尽量减少流量波动。

（4）待 P101B 进出口压力指示正常，按停泵顺序停止 P101A 运转，关闭泵 P101A 入口阀 VD01，并通知维修部门。

2. 调节阀 FV101 阀卡

现象：FIC101 的液体流量不可调节。

处理：（1）打开 FV101 的旁通阀 VD09，调节流量使其达到正常值。

（2）手动关闭调节阀 FV101 及其后阀 VB04、前阀 VB03。

（3）通知维修部门。

3. P101A 入口管线堵

现象：（1）P101A 泵入口、出口压力急剧下降。

（2）FIC101 流量急剧减小到零。

处理：按泵的切换步骤切换到备用泵 P101B，并通知维修部门进行维修。

4. P101A 泵气蚀

现象：（1）P101A 泵入口、出口压力上下波动。

（2）P101A 泵出口流量波动（大部分时间达不到正常值）。

处理：按泵的切换步骤切换到备用泵 P101B。

5. P101A 泵气缚

现象：（1）P101A 泵入口、出口压力急剧下降。

（2）FIC101 流量急剧减少。

处理：按泵的切换步骤切换到备用泵 P101B。

思考题

1. 简述离心泵的工作原理和结构。

2. 举例说出除离心泵以外你所知道的其他类型的泵。

3. 什么叫气蚀现象?气蚀现象有什么破坏作用?

4. 发生气蚀现象的原因有哪些?如何防止气蚀现象的发生?

5. 为什么启动前一定要将离心泵灌满被输送液体?

6. 离心泵在启动和停止运行时泵的出口阀应处于什么状态? 为什么?

7. 泵 P101A 和泵 P101B 在进行切换时，应如何调节其出口阀 VD04 和 VD08，为什么要这样做?

8. 一台离心泵在正常运行一段时间后，流量开始下降，可能会有哪些原因导致?

9. 离心泵出口压力过高或过低应如何调节?

10. 离心泵入口压力过高或过低应如何调节?

11. 若两台性能相同的离心泵串联操作,其输送流量和扬程较单台离心泵相比有什么变化?若两台性能相同的离心泵并联操作,其输送流量和扬程较单台离心泵相比有什么变化?

实验二 压缩机单元仿真

一、实验目的

（1）了解压缩机的工艺流程和控制回路。

（2）掌握压缩机正常的操作规程。

（3）了解压缩机常见事故的处理方法。

二、工艺流程说明

1. 工艺说明

透平压缩机是进行气体压缩的常用设备。它以汽轮机（水蒸气透平）为动力，水蒸气在汽轮机内膨胀做功驱动压缩机主轴，主轴带动叶轮高速旋转。被压缩气体从轴向进入压缩机叶轮在高速转动的叶轮作用下随叶轮高速旋转并沿半径方向甩出叶轮，叶轮在汽轮机的带动下高速旋转把所得到的机械能传递给被压缩气体。因此，气体在叶轮内的流动过程中，一方面受离心力作用增加了气体本身的压力，另一方面得到了很大的动能。气体离开叶轮进入流通面积逐渐扩大的扩压器，气体流速急剧下降，动能转化为压力能（势能），气体的压力进一步提高，气体压缩。

本仿真培训系统选用甲烷单级透平压缩的典型流程作为仿真对象。

在生产过程中产生的压力为 $1.2 \sim 1.6 \, kg/cm^2$（绝压），温度为 $30 \, ℃$ 左右的低压甲烷经 VD01 阀进入甲烷储罐 FA311，罐内压力控制在 $300 \, mmH_2O$。甲烷从储罐 FA311 出来，进入压缩机 GB301，经过压缩机压缩，出口排出压力为 $4.03 \, kg/cm^2$（绝压），温度为 $160 \, ℃$ 的中压甲烷，然后经过手动控制阀 VD06 进入燃料系统。

该流程为了防止压缩机发生喘振，设计了由压缩机出口至储罐 FA311 的返回管路，即由压缩机出口经过换热器 EA305 和 PV304B 阀到储罐的管线。返回的甲烷经冷却器 EA305 冷却。另外储罐 FA311 有一超压保护控制器 PIC303，当 FA311 中压力超高时，低压甲烷可以经 PIC303 控制放火炬，使罐中压力降低。压缩机 GB301 由水蒸气透平 GT301 同轴驱动，水蒸气透平的供汽为压力 $15 \, kg/cm^2$（绝压）的来自管网的中压水蒸气，排气为压力 $3 \, kg/cm^2$（绝压）的降压水蒸气，进入低压水蒸气管网。

流程中共有两套自动控制系统：PIC303 为 FA311 超压保护控制器，当储罐 FA311 中压力过高时，自动打开放火炬阀。PRC304 为压力分程控制系统，当此调节器输出在 $50\% \sim 100\%$ 时，输出信号送给水蒸气透平 GT301 的调速系统，即 PV304A，用来控制中压水蒸气的进汽量，使压缩机的转速在 $3350 \sim 4704 \, r/min$ 变化，此时 PV304B 阀全关。当此调节器输出在 $0\% \sim 50\%$ 时，PV304B 阀的开度对应在 $100\% \sim 0\%$ 变化。透平在起始升速阶段由手动控制器 HC311 手动控制升速，当升速大于 3450 r/min 时可由切换开关切换到 PIC304 控制。

名词解释：

（1）压缩比　压缩机各段出口压力和进口压力的比值。正常压缩比越大，代表着本级压缩机的额定功率越大。

（2）喘振　当转速一定，压缩机的进料减少到一定的值，造成叶道中气体的速度不均匀和出现倒流，当这种现象扩展到整个叶道，叶道中的气流通不出去，造成压缩机级中压力突然下降，而级后相对较高的压力将气流倒压回级里，级里的压力又恢复正常，叶轮工作也恢复正常，重新将倒流回的气流压出去。此后，级里压力又突然下降，气流又倒回，这种现象重复出现，压缩机工作不稳定，这种现象称为喘振。

2. 本单元复杂控制回路说明

分程控制：就是由一只调节器的输出信号控制两只或更多的调节阀，每只调节阀在调节器的输出信号的某段范围中工作。

应用实例：关于压缩机手动/自动切换的说明。

压缩机切换开关的作用：当压缩机切换开关指向 HC3011 时，压缩机转速由 HC3011 控制；当压缩机切换开关指向 PRC304 时，压缩机转速由 PRC304 控制。PRC304 为一分程控制阀，分别控制压缩机转速（主气门开度）和压缩机反喘振线上的流量控制阀。当 PRC304 逐渐开大时，压缩机转速逐渐上升（主气门开度逐渐加大），压缩机反喘振线上的流量控制阀逐渐关小，最终关至 0（本控制方案属较老的控制方案）。

3. 该单元包括以下设备

FA311：低压甲烷储罐；

GT301：水蒸气透平；

GB301：单级压缩机；

EA305：压缩机冷却器。

三、压缩机单元操作规程

（一）开车操作规程

1. 开车前准备工作

（1）启动公用工程

按公用工程按钮，公用工程投用。

（2）油路开车

按油路按钮。

（3）盘车

① 按盘车按钮开始盘车。

② 待转速升到 200 r/min 时，停盘车（盘车前先打开 PV304B 阀）。

（4）暖机

按暖机按钮。

（5）EA305 冷却水投用

打开换热器冷却水阀门 VD05，开度为 50%。

2. 罐 FA311 充低压甲烷

（1）打开 PIC303 调节阀放火炬，开度为 50%。

（2）打开 FA311 入口阀 VD11 开度为 50%，微开 VD01。

（3）打开 PV304B 阀，缓慢向系统充压，调整 FA311 顶部安全阀 VD03 和 VD01，使系统压力维持 300~500 mmH$_2$O。

（4）调节 PIC303 阀门开度，使压力维持在 0.1 atm。

3. 透平单级压缩机开车

（1）手动升速

① 缓慢打开透平低压水蒸气出口截止阀 VD10，开度递增级差保持在 10% 以内。

② 将调速器切换开关切到 HC3011 方向

③ 手动缓慢打开打开 HC3011，开始压缩机升速，开度递增级差保持在 10% 以内。使透平压缩机转速在 250 ~ 300 r/min。

（2）跳闸实验（视具体情况决定此操作的进行）

① 继续升速至 1000 r/min。

② 按动紧急停车按钮进行跳闸实验，实验后压缩机转速 XN311 迅速下降为零。

③ 手动关 HC3011，开度为 0.0%，关闭水蒸气出口阀 VD10，开度为 0.0%。

④ 按压缩机复位按钮。

（3）重新手动升速

① 重复 3 中步骤（1），缓慢升速至 1000 r/min。

② HC3011 开度递增级差保持在 10% 以内，升转速至 3350 r/min。

③ 进行机械检查。

（4）启动调速系统

① 将调速器切换开关切到 PIC304 方向。

② 缓慢打开 PV304A 阀（即 PIC304 阀门开度大于 50.0%），若阀开得太快会发生喘振。同时可适当打开出口安全阀旁路阀（VD13）调节出口压力，使 PI301 压力维持在 3.03 atm，防止喘振发生。

（5）调节操作参数至正常值

① 当 PI301 压力指示值为 3.03 atm 时，一边关闭出口放火炬旁路阀，一边打开 VD06 去燃料系统阀，同时关闭 PIC303 放火炬阀。

② 控制入口压力 PIC304 在 300 mmH$_2$O，慢慢升速。

③ 当转速达全速（4480 r/min 左右），将 PIC304 切换为自动。

④ PIC303 设定为 0.1 kg/cm^2（表压），投自动。

⑤ 顶部安全阀 VD03 缓慢关闭。

（二）正常操作规程

1. 正常工况下工艺参数

（1）贮罐 FA311 压力 PIC304：295 mmH$_2$O。

（2）压缩机出口压力 PI301：3.03 atm，燃料系统入口压力 PI302：2.03 atm。

（3）低压甲烷流量 FI301：3232.0 kg/h。

（4）中压甲烷进入燃料系统流量 FI302：3200.0 kg/h。

（5）压缩机出口中压甲烷温度 TI302：160.0 ℃。

2. 压缩机防喘振操作

（1）启动调速系统后，必须缓慢开启 PV304A 阀，此过程中可适当打开出口安全阀旁路阀调节出口压力，以防喘振发生。

（2）当有甲烷进入燃料系统时，应关闭 PIC303 阀。

（3）当压缩机转速达全速时，应关闭出口安全旁路阀。

（三）停车操作规程

1. 正常停车过程

（1）停调速系统

① 缓慢打开 PV304B 阀，降低压缩机转速。

② 打开 PIC303 阀排放火炬。

③ 开启出口安全旁路阀 VD13，同时关闭去燃料系统阀 VD06。

（2）手动降速

① 将 HC3011 开度置为 100.0%。

② 将调速开关切换到 HC3011 方向。

③ 缓慢关闭 HC3011，同时逐渐关小透平水蒸气出口阀 VD10。

④ 当压缩机转速降为 300~500 r/min 时，按紧急停车按钮。

⑤ 关闭透平水蒸气出口阀 VD10。

（3）停 FA311 进料

① 关闭 FA311 入口阀 VD01、VD11。

② 开启 FA311 泄料阀 VD07，泄液。

③ 关换热器冷却水。

2. 紧急停车

（1）按动紧急停车按钮。

（2）确认 PV304B 阀及 PIC303 置于打开状态。

（3）关闭透平水蒸气入口阀及出口阀。

（4）甲烷气由 PIC303 排放火炬。

（5）其余同正常停车。

3. 联锁说明

该单元有一联锁。

1）联锁源

（1）现场手动紧急停车（紧急停车按钮）。

（2）压缩机喘振。

2）联锁动作

（1）关闭透平主汽阀及水蒸气出口阀。

（2）全开放空阀 PV303。

（3）全开防喘振线上 PV304B 阀。

该联锁有一现场旁路键（BYPASS）。另有一现场复位键（RESET）。

注：联锁发生后，在复位前（RESET），应首先将 HC3011 置零，将水蒸气出口阀 VD10 关闭，同时各控制点应置手动，并设成最低值。

四、事故设置一览表

1. 入口压力过高

现象：FA311 罐中压力上升。

处理：手动适当打开 PV303 的放火炬阀。

2. 出口压力过高

现象：压缩机出口压力上升。

处理：开大去燃料系统阀 VD06。

3. 入口管道破裂

现象：储罐 FA311 中压力下降。

处理：开大 FA311 入口阀 VD01、VD11。

4. 出口管道破裂

现象：压缩机出口压力下降。

处理：紧急停车。

5. 入口温度过高

现象：TI301 及 TI302 指示值上升。

处理：紧急停车。

思考题

1. 什么是喘振？如何防止喘振？
2. 在手动调速状态，为什么防喘振线上的防喘振阀 PV304B 全开，可以防止喘振？
3. 结合伯努利方程，说明压缩机如何做功，进行动能、压力和温度之间的转换。
4. 根据本实验，理解盘车、手动升速、自动升速的概念。
5. 离心式压缩机的优点是什么？

实验三　CO₂压缩机单元仿真实验

一、实验目的

（1）了解 CO_2 压缩机的工艺流程和控制回路。

（2）掌握 CO_2 压缩机正常的操作规程。

（3）了解 CO_2 压缩机常见事故的处理方法。

二、装置概况

（一）单元简介

CO_2 压缩机单元是将合成氨装置的原料气 CO_2 经本单元压缩做功后送往下一工段——尿素合成工段，采用的是以汽轮机驱动的四级离心压缩机。其机组主要由压缩机主机、驱动机、润滑油系统、控制油系统和防喘振装置组成。

1. 离心式压缩机工作原理

离心式压缩机的工作原理和离心泵类似，气体从中心流入叶轮，在高速转动的叶轮的作用下，随叶轮作高速旋转并沿径向甩出来。叶轮在驱动机械的带动下旋转，把所得到的机械能通过叶轮传递给流过叶轮的气体，即离心压缩机通过叶轮对气体做了功。气体一方面受到旋转离心力的作用增加了气体本身的压力，另一方面又得到了很大的动能。气体离开叶轮后，这部分速度能在通过叶轮后的扩压器、回流弯道的过程中转变为压力能，进一步使气体的压力提高。

离心式压缩机中，气体经过一个叶轮压缩后压力的升高是有限的。因此在要求升压较高的情况下，通常都有许多级叶轮一个接一个、连续地进行压缩，直到最末一级出口达到所要求的压力为止。压缩机的叶轮数越多，所产生的总压头也愈大。气体经过压缩后温度升高，当要求压缩比较高时，常常将气体压缩到一定的压力后，从缸内引出，在外设冷却器冷却降温，然后再导入下一级继续压缩。这样依冷却次数的多少，将压缩机分成几段，一个段可以是一级或多级。

2. 离心式压缩机的喘振现象及防止措施

离心压缩机的喘振是操作不当，进口气体流量过小产生的一种不正常现象。当进口气体流量不适当地减小到一定值时，气体进入叶轮的流速过低，气体不再沿叶轮流动，在叶片背面形成很大的涡流区，甚至充满整个叶道而把通道塞住，气体只能在涡流区打转而流不出来。这时系统中的气体自压缩机出口倒流进入压缩机，暂时弥补进口气量的不足。虽然压缩机似乎恢复了正常工作，重新压出气体，但当气体被压出后，由于进口气体仍然不足，上述倒流现象重复出现。这样一种在出口处时而倒吸时而吐出的气流，引起出口管道低频、高振幅的气流脉动，并迅速波及各级叶轮，于是整个压缩机产生噪声和振动，这种现象称为喘振。喘振对机器是很不利的，振动过分会产生局部过热，时间过久甚至会造成叶轮破碎等严重事故。

当喘振现象发生后，应设法立即增大进口气体流量。方法是利用防喘振装置，将压缩机出口的一部分气体经旁路阀回流到压缩机的进口，或打开出口放空阀，降低出口压力。

3. 离心式压缩机的临界转速

由于制造原因，压缩机转子的重心和几何中心往往是不重合的，因此在旋转的过程中产生了周期性变化的离心力。这个力的大小与制造的精度有关，而其频率就是转子的转速。如果产生离心力的频率与轴的固有频率一致时，就会由于共振而产生强烈振动，严重时会使机器损坏。这个转速就称为轴的临界转速。临界转速不只是一个，因而分别称为第一临界转速、第二临界转速等。

压缩机的转子不能在接近于各临界转速下工作。一般离心泵的正常转速比第一临界转速低，这种轴叫作刚性轴。离心压缩机的工作转速往往高于第一临界转速而低于第二临界转速，这种轴称为挠性轴。为了防止振动，离心压缩机在启动和停车过程中，必须较快地越过临界转速。

4. 离心式压缩机的结构

离心式压缩机由转子和定子两大部分组成。转子由主轴、叶轮、轴套和平衡盘等部件组成。所有的旋转部件都安装在主轴上，除轴套外，其他部件用键固定在主轴上。主轴安装在径向轴承上，以利于旋转。叶轮是离心式压缩机的主要部件，其上有若干个叶片，用以压缩气体。

气体经叶片压缩后压力升高，因而每个叶片两侧所受到气体压力不一样，产生了方向指向低压端的轴向推力，可使转子向低压端窜动，严重时可使转子与定子发生摩擦和碰撞。为了消除轴向推力，在高压端外侧装有平衡盘和止推轴承。平衡盘一边与高压气体相通，另一边与低压气体相通，用两边的压力差所产生的推力平衡轴向推力。

离心式压缩机的定子由气缸、扩压室、弯道、回流器、隔板、密封、轴承等部件组成。气缸也称机壳，分为水平剖分和垂直剖分两种形式。水平剖分就是将机壳分成上下两部分，上盖可以打开，这种结构多用于低压。垂直剖分就是筒形结构，由圆筒形本体和端盖组成，多用于高压。气缸内有若干隔板，将叶片隔开，并组成扩压器和弯道、回流器。

为了防止级间窜气或向外漏气，都设有级间密封和轴密封。

离心式压缩机的辅助设备有中间冷却器、气液分离器和油系统等。

5. 汽轮机的工作原理

汽轮机又称为水蒸气透平，是用水蒸气做功的旋转式原动机。进入汽轮的高温、高压水蒸气，由喷嘴喷出，经膨胀降压后，形成的高速气流按一定方向冲动汽轮机转子上的动叶片，带动转子按一定速度均匀地旋转，从而将水蒸气的能量转变成机械能。

由于能量转换方式不同，汽轮机分为冲动式和反动式两种，在冲动式中，水蒸气只在喷嘴中膨胀，动叶片只受到高速气流的冲动力。在反动式汽轮机中，水蒸气不仅在喷嘴中膨胀，而且还在叶片中膨胀，动叶片既受到高速气流的冲动力，同时受到水蒸气在叶片中膨胀时产生的反作用力。

根据汽轮机中叶轮级数不同，可分为单极或多极两种。按热力过程不同，汽轮机可分为背压式、凝汽式和抽气凝汽式。背压式汽轮机的水蒸气经膨胀做功后以一定的温度和压力排出汽轮机，可继续供工艺使用；凝汽式水蒸气轮机的进气在膨胀做功后，全部排入冷凝器凝结为水；抽气凝汽式汽轮机的进气在膨胀做功时，一部分水蒸气在中间抽出去作为其他用，其余部分继续在气缸中做功，最后排入冷凝器冷凝。

（二）工艺流程简述

1. CO_2 流程说明

来自合成氨装置的原料气 CO_2 压力为 150 kPa（A），温度 38 ℃，流量由 FR8103 计量。进入 CO_2 压缩机一段分离器 V-111，在此分离掉 CO_2 气相中夹带的液滴后进入 CO_2 压缩机的一段入口；经过一段压缩后，CO_2 压力上升为 0.38 MPa（A），温度 194 ℃；进入一段冷却器 E-119 用循环水冷却到 43 ℃，为了保证尿素装置防腐所需氧气，在 CO_2 进入 E-119 前加入适量来自合成氨装置的空气，流量由 FRC-8101 调节控制，CO_2 中氧含量 0.25%~0.35%；在一段分离器 V-119 中分离掉液滴后进入二段进行压缩，二段出口 CO_2 压力 1.866 MPa（A），温度为 227 ℃。然后进入二段冷却器 E-120 冷却到 43 ℃，并经二段分离器 V-120 分离掉液滴后进入三段。

在三段入口设计有段间放空阀，便于低压缸 CO_2 压力控制和快速泄压。CO_2 经三段压缩后压力升到 8.046 MPa（A），温度 214 ℃，进入三段冷却器 E-121 中冷却。为防止 CO_2 过度冷却而生成干冰，在三段冷却器冷却水回水管线上设计有温度调节阀 TV-8111，用此阀来控制四段入口 CO_2 温度在 50~55 ℃。冷却后的 CO_2 进入四段压缩后压力升到 15.5 MPa（A），温度为 121 ℃，进入尿素高压合成系统。为防止 CO_2 压缩机高压缸超压、喘振，在四段出口管线上设计有四回一阀 HV-8162（即 HIC8162）。

2. 水蒸气流程说明

主蒸气压力 5.882 MPa，温度 450 ℃，流量 82 t/h，进入透平做功，其中一大部分在透平中部被抽出，抽气压力 2.598 MPa，温度 350 ℃，流量 54.4 t/h，送至框架，另一部分通过中压调节阀进入透平后气缸继续做功，做完功后的乏汽进入蒸气冷凝系统。

（三）工艺仿真范围

1. 工艺范围

二氧化碳压缩、透平机、油系统。

2. 边界条件

所有各公用工程部分：水、电、汽、风等均处于正常平稳状况。

3. 现场操作

现场手动操作的阀、机、泵等，根据开车、停车及事故设定的需要等进行设计。调节阀的前后截止阀不进行仿真。

（四）主要设备列表

1. CO_2 气路系统

E-119、E-120、E-121、V-111、V-119、V-120、V-121、K-101。

2. 蒸气透平及油系统

DSTK-101、油箱、油温控制器、油泵、油冷器、油过滤器、盘车油泵、稳压器、速关阀、调速器、调压器。

3. 设备说明（表 1-1）

其中，E：换热器，V：分离器。

表 1-1　设备说明

流程图位号	主要设备
U8001	E-119（CO_2 一段冷却器） E-120（CO_2 二段冷却器） E-121（CO_2 二段冷却器） V-111（CO_2 一段分离器） V-120（CO_2 二段分离器） V-121（CO_2 三段分离器） DSTK-101（CO_2 压缩机组透平）
U8002	DSTK-101 油箱、油泵、油冷器、油过滤器、盘车油泵

4. 主要控制阀列表（表 1-2）

表 1-2　主要控制阀列表

位号	说明	所在流程图位号
FRC8103	配空气流量控制	U8001
LIC8101	V111 液位控制	U8001
LIC8167	V119 液位控制	U8001
LIC8170	V120 液位控制	U8001
LIC8173	V121 液位控制	U8001
HIC8101	段间放空阀	U8001
HIC8162	四回一防喘振阀	U8001
PIC8241	四段出口压力控制	U8001
HS8001	透平水蒸气速关阀	U8002
HIC8205	调速阀	U8002
PIC8224	抽出中压蒸气压力控制	U8002

（五）正常操作工艺指标（表 1-3）

表 1-3　正常操作工艺指标

表位号	测量点位置	常值	单位
TR8102	CO_2 原料气温度	40	℃
TI8103	CO_2 压缩机一段出口温度	190	℃
PR8108	CO_2 压缩机一段出口压力	0.28	MPa（G）
TI8104	CO_2 压缩机一段冷却器出口温度	43	℃
FRC8101	二段空气补加流量	330	kg/h
FR8103	CO_2 吸入流量	27 000	Nm³/h
FR8102	三段出口流量	27 330	Nm³/h
AR8101	含氧量	0.25~0.3	%
TE8105	CO_2 压缩机二段出口温度	225	℃
PR8110	CO_2 压缩机二段出口压力	1.8	MPa（G）
TI8106	CO_2 压缩机二段冷却器出口温度	43	℃
TI8107	CO_2 压缩机三段出口温度	214	℃
PR8114	CO_2 压缩机三段出口压力	8.02	MPa（G）

续表

表位号	测量点位置	常值	单位
TIC8111	CO_2压缩机三段冷却器出口温度	52	℃
TI8119	CO_2压缩机四段出口温度	120	℃
PIC8241	CO_2压缩机四段出口压力	15.4	MPa（G）
PIC8224	出透平中压蒸气压力	2.5	MPa（G）
Fr8201	入透平水蒸气流量	82	t/h
FR8210	出透平中压水蒸气流量	54.4	t/h
TI8213	出透平中压水蒸气温度	350	℃
TI8338	CO_2压缩机油冷器出口温度	43	℃
PI8357	CO_2压缩机油滤器出口压力	0.25	MPa（G）
PI8361	CO_2控制油压力	0.95	MPa（G）
SI8335	压缩机转速	6935	r/min
XI8001	压缩机振动	0.022	mm
GI8001	压缩机轴位移	0.24	mm

（六）工艺报警及联锁系统

1. 工艺报警及联锁说明

为了保证工艺、设备的正常运行，防止事故发生，在设备重点部位安装检测装置并在辅助控制盘上设有报警灯进行提示，以提前进行处理将事故消除。

工艺联锁是设备处于不正常运行时的自保系统，本单元设计了两个联锁自保措施：

（1）压缩机振动超高联锁（发生喘振）

① 动作：20 s 后（主要是为了方便培训人员处理）自动进行以下操作：

② 关闭透平速关阀 HS8001、调速阀 HIC8205、中压水蒸气调压阀 PIC8224；

③ 全开防喘振阀 HIC8162、段间放空阀 HIC8101。

④ 处理：在辅助控制盘上按 RESET 按钮，按冷态开车中暖管暖机冲转开始重新开车。

（2）油压低联锁

① 动作：自动进行以下操作：

a. 关闭透平速关阀 HS8001、调速阀 HIC8205、中压水蒸气调压阀 PIC8224；

b. 全开防喘振阀 HIC8162、段间放空阀 HIC8101

② 处理：找到并处理造成油压低的原因后在辅助控制盘上按 RESET 按钮，按冷态开车中油系统重新开车。

2. 工艺报警及联锁触发值（表1-4）

表 1-4   工艺报警及联锁触发值

位号	检测点	触发值
PSXL8101	V111 压力	≤0.09 MPa
PSXH8223	水蒸气透平背压	≥2.75 MPa
LSXH8165	V119 液位	≥85%
LSXH8168	V120 液位	≥85%
LSXH8171	V121 液位	≥85%
LAXH8102	V111 液位	≥85%
SSXH8335	压缩机转速	≥7200 r/min
PSXL8372	控制油油压	≤0.85 MPa
PSXL8359	润滑油油压	≤0.2 MPa
PAXH8136	CO_2 四段出口压力	≥16.5 MPa
PAXL8134	CO_2 四段出口压力	≤14.5 MPa
SXH8001	压缩机轴位移	≥0.3 mm
SXH8002	压缩机径向振动	≥0.03 mm
振动联锁		XI8001≥0.05 mm 或 GI8001≥0.5 mm（20 s 后触发）
油压联锁		PI8361≤0.6 MPa
辅油泵自启动联锁		PI8361≤0.8 MPa

三、工艺操作规程

（一）冷态开车

1. 准备工作：引循环水

（1）压缩机岗位 E119 开循环水阀 OMP1001，引入循环水；

（2）压缩机岗位 E120 开循环水阀 OMP1002，引入循环水；

（3）压缩机岗位 E121 开循环水阀 TIC8111，引入循环水。

2. CO_2 压缩机油系统开车

（1）在辅助控制盘上启动油箱油温控制器 OMP1045，将油温升到 40 ℃左右；

（2）打开油泵的前切断阀 OMP1026；

（3）打开油泵的后切断阀 OMP1048；

（4）从辅助控制盘上开启主油泵 OIL PUMP；

（5）调整油泵回路阀 TMPV186，将控制油压力控制在 0.9 MPa 以上。

3. 盘 车

（1）开启盘车泵的前切断阀 OMP1031；

（2）开启盘车泵的后切断阀 OMP1032；

（3）从辅助控制盘启动盘车泵；

（4）在辅助控制盘上按盘车按钮至盘车转速大于 150 r/min；

（5）检查压缩机有无异常响声，检查振动、轴位移等。

4. 停止盘车

（1）在辅助控制盘上按盘车按钮停盘车；

（2）从辅助控制盘停盘车泵；

（3）关闭盘车泵的后切断阀 OMP1032；

（4）关闭盘车泵的前切断阀 OMP1031。

5. 联锁试验

（1）油泵自启动试验

主油泵启动且将油压控制正常后，在辅助控制盘上将辅助油泵自动启动按钮按下，按一下 RESET 按钮，打开透平水蒸气速关阀 HS8001，再在辅助控制盘上按停主油泵，辅助油泵应该自行启动，联锁不应动作。

（2）低油压联锁试验

主油泵启动且将油压控制正常后，确认在辅助控制盘上没有将辅助油泵设置为自动启动，按一下 RESET 按钮，打开透平水蒸气速关阀 HS8001，关闭四回一阀和段间放空阀，通过油泵回路阀缓慢降低油压，当油压降低到一定值时，仪表盘 PSXL8372 应该报警，按确认后继续开大阀降低油压，检查联锁是否动作，动作后透平水蒸气速关阀 HS8001 应该关闭，关闭四回一阀和段间放空阀应该全开。

（3）停车试验

主油泵启动且将油压控制正常后，按一下 RESET 按钮，打开透平水蒸气速关阀 HS8001，关闭四回一阀和段间放空阀，在辅助控制盘上按一下 STOP 按钮，透平水蒸气速关阀 HS8001 应该关闭，关闭四回一阀和段间放空阀应该全开。

6. 暖管暖机

（1）在辅助控制盘上按辅油泵自动启动按钮，将辅油泵设置为自启动；

（2）打开入界区水蒸气副线阀 OMP1006，准备引水蒸气；

（3）打开水蒸气透平主水蒸气管线上的切断阀 OMP1007，压缩机暖管；

（4）打开 CO_2 放空截止阀 TMPV102；

（5）打开 CO_2 放空调节阀 PIC8241；

（6）透平入口管道内蒸气压力上升到 5.0 MPa 后，开入界区水蒸气阀 OMP1005；

（7）关副线阀 OMP1006；

（8）打开 CO_2 进料总阀 OMP1004；

（9）全开 CO_2 进口控制阀 TMPV104；

（10）打开透平抽出截止阀 OMP1009；

（11）从辅助控制盘上按一下 RESET 按钮，准备冲转压缩机；

（12）打开透平速关阀 HS8001；

（13）逐渐打开阀 HIC8205，将转速 SI8335 提高到 1000 r/min，进行低速暖机；

（14）控制转速 1000 r/min，暖机 15 min（模拟为 1 min）；

（15）打开油冷器冷却水阀 TMPV181；

（16）暖机结束，将机组转速缓慢提到 2000 r/min，检查机组运行情况；

（17）检查压缩机有无异常响声，检查振动、轴位移等；

（18）控制转速 2000 r/min，停留 15 min（模拟为 1 min）；

7. 过临界转速

（1）继续开大 HIC8205，将机组转速缓慢提到 3000 r/min，准备过临界转速（3000~3500 r/min）；

（2）继续开大 HIC8205，用 20~30 s 的时间将机组转速缓慢提到 4000 r/min，通过临界转速；

（3）逐渐打开 PIC8224 到 50%；

（4）缓慢将段间放空阀 HIC8101 关小到 72%；

（5）将 V111 液位控制 LIC8101 投自动，设定值在 20% 左右；

（6）将 V119 液位控制 LIC8167 投自动，设定值在 20% 左右；

（7）将 V120 液位控制 LIC8170 投自动，设定值在 20% 左右；

（8）将 V121 液位控制 LIC8173 投自动，设定值在 20% 左右；

（9）将 TIC8111 投自动，设定值在 52 ℃左右。

8. 升速升压

（1）继续开大 HIC8205，将机组转速缓慢提到 5500 r/min；

（2）缓慢将段间放空阀 HIC8101 关小到 50%；

（3）继续开大 HIC8205，将机组转速缓慢提到 6050 r/min；

（4）缓慢将段间放空阀 HIC8101 关小到 25%；

（5）缓慢将四回一阀 HIC8162 关小到 75%；

（6）继续开大 HIC8205，将机组转速缓慢提到 6400 r/min；

（7）缓慢将段间放空阀 HIC8101 关闭；

（8）缓慢将四回一阀 HIC8162 关闭；

（9）继续开大 HIC8205，将机组转速缓慢提到 6935 r/min；

（10）调整 HIC8205，将机组转速 SI8335 稳定在 6935 r/min；

9. 投　料

（1）逐渐关小 PIC8241，缓慢将压缩机四段出口压力提升到 14.4 MPa，平衡合成系统压力；

（2）打开 CO_2 出口阀 OMP1003；

（3）继续手动关小 PIC8241，缓慢将压缩机四段出口压力提升到 15.4 MPa，将 CO_2 引入合成系统；

（4）当 PIC8241 控制稳定在 15.4 MPa 左右后，将其设定在 15.4 投自动。

（二）正常停车

1. CO_2 压缩机停车

（1）调节 HIC8205 将转速降至 6500 r/min；

（2）调节 HIC8162，将负荷减至 21 000 Nm^3/h；

（3）继续调节 HIC8162，抽气与注气量，直至 HIC8162 全开；

（4）手动缓慢打开 PIC8241，将四段出口压力降到 14.5 MPa 以下，CO_2 退出合成系统；

（5）关闭 CO_2 入合成总阀 OMP1003；

（6）继续开大 PIC8241 缓慢降低四段出口压力到 8.0 ~ 10.0 MPa；

（7）调节 HIC8205 将转速降至 6403 r/min；

（8）继续调节 HIC8205 将转速降至 6052 r/min；

（9）调节 HIC8101，将四段出口压力降至 4.0 MPa；

（10）继续调节 HIC8205 将转速降至 3000 r/min；

（11）继续调节 HIC8205 将转速降至 2000 r/min；

（12）在辅助控制盘上按 STOP 按钮，停压缩机；

（13）关闭 CO_2 入压缩机控制阀 TMPV104；

（14）关闭 CO_2 入压缩机总阀 OMP1004；

（15）关闭水蒸气抽出至 MS 总阀 OMP1009；

（16）关闭水蒸气至压缩机工段总阀 OMP1005；

（17）关闭压缩机水蒸气入口阀 OMP1007。

2. 油系统停车

（1）从辅助控制盘上取消辅油泵自启动；

（2）从辅助控制盘上停运主油泵；

（3）关闭油泵进口阀 OMP1048；

（4）关闭油泵出口阀 OMP1026；

（5）关闭油冷器冷却水阀 TMPV181；

（6）从辅助控制盘上停油温控制。

四、事故列表

1. 压缩机振动大

原因：

（1）机械方面的原因，如轴承磨损，平衡盘密封坏，找正不良，轴弯曲，联轴节松动等设备本身的原因；

（2）转速控制方面的原因，机组接近临界转速下运行产生共振；

（3）工艺控制方面的原因，主要是操作不当造成计算机喘振。

处理（模拟中只有 20 s 的处理时间，处理不及时就会发生联锁停车）：

（1）机械方面故障需停车检修。

（2）产生共振时，需改变操作转速，另外在开停车过程中过临界转速时应尽快通过。

（3）当压缩机发生喘振时，找出发生喘振的原因，并采取相应的措施：

① 入口气量过小：打开防喘振阀 HIC8162，开大入口控制阀开度；

② 出口压力过高：打开防喘振阀 HIC8162，开大四段出口排放调节阀开度；

③ 操作不当，开关阀门动作过大：打开防喘振阀 HIC8162，消除喘振后再精心操作。

预防措施：

（1）离心式压缩机一般都设有振动检测装置，在生产过程中应经常检查，发现轴振动或位移过大，应分析原因，及时处理。

（2）喘振预防：应经常注意压缩机气量的变化，严防入口气量过小而引发喘振。在开车时应遵循"升压先升速"的原则，先将防喘振阀打开，当转速升到一定值后，再慢慢关小防喘振阀，将出口压力升到一定值，然后再升速，使升速、升压交替缓慢进行，直到满足工艺要求。停车时应遵循"降压先降速"的原则，先减速后再将防喘振阀打开一些，将出口压力降低到某一值，降速、降压交替进行，直到泄完压力再停机。

2. 压缩机辅助油泵自动启动

原因：

辅助油泵自动启动的原因是油压低引起的自保措施，一般情况下是由以下两种原因引起的：

（1）油泵出口过滤器有堵；

（2）油泵回路阀开度过大。

处理：

（1）关小油泵回路阀；

（2）按过滤器清洗步骤清洗油过滤器；

（3）从辅助控制盘停辅助油泵。

预防措施：

油系统正常运行是压缩机正常运行的重要保证。因此，压缩机的油系统也设有各种检测装置，如油温、油压、过滤器压降、油位等，生产过程中要对这些内容经常进行检查，油过滤器要定期切换清洗。

3. 四段出口压力偏低，CO_2 打气量偏少

原因：

（1）压缩机转速偏低；

（2）防喘振阀未关死；

（3）压力控制阀 PIC8241 未投自动，或未关死。

处理：

（1）将转速调到 6935 r/min；

（2）关闭防喘振阀；

（3）关闭压力控制阀 PIC8241。

预防措施：

压缩机四段出口压力和下一工段的系统压力有很大的关系，下一工段系统压力波动会造成四段出口压力波动，也会影响到压缩机的打气量，所以在生产过程中下一系统合成系统压力应该控制稳定。同时应该经常检查压缩机的吸气流量、转速、排放阀、防喘振阀以及段间放空阀的开度，正常工况下这三个阀应该尽量保持关闭状态，以保持压缩机的最高工作效率。

4. 压缩机因喘振发生联锁跳车

原因：

操作不当，压缩机发生喘振，处理不及时。

处理：

（1）关闭 CO_2 去尿素合成总阀 OMP1003；

（2）在辅助控制盘上按一下"RESET"按钮；

（3）按冷态开车步骤中暖管暖机冲转开始重新开车。

预防措施：

按振动过大时喘振预防措施预防喘振发生，一旦发生喘振要及时按其处理措施进行处理，及时打开防喘振阀。

5. 压缩机三段冷却器出口温度过低

原因：

冷却水控制阀 TIC8111 未投自动，阀门开度过大。

处理：

（1）关小冷却水控制阀 TIC8111，将温度控制在 52 ℃左右；

（2）控制稳定后将 TIC8111 设定在 52 ℃投自动。

预防措施：

二氧化碳在高压下温度过低会析出固体干冰，干冰会损坏压缩机叶轮，影响压缩机的正常运行，因而压缩机运行过程中应该经常检查该点温度，将其控制在正常工艺指标范围之内。

思考题

1. CO_2压缩机主要工作原理是什么？
2. 目前，CO_2压缩机主要运用在哪些方面？
3. CO_2压缩机三段冷却器出口温度过低的主要原因是什么？怎样进行处理和预防？

实验四　换热器单元仿真

一、实验目的

（1）了解换热器单元的工艺流程。

（2）掌握换热器单元操作规程。

（3）了解换热器常见事故的主要现象及处理。

二、工艺流程说明

1. 工艺说明

换热器是进行热交换操作的通用工艺设备，广泛应用于化工、石油、石油化工、动力、冶金等工业部门，特别是在石油炼制和化学加工装置中，占有重要地位。换热器的操作技术培训在整个操作培训中尤为重要。

本单元设计采用管壳式换热器（图 1-4）。来自外界的 92 ℃冷物流（沸点 198.25 ℃）

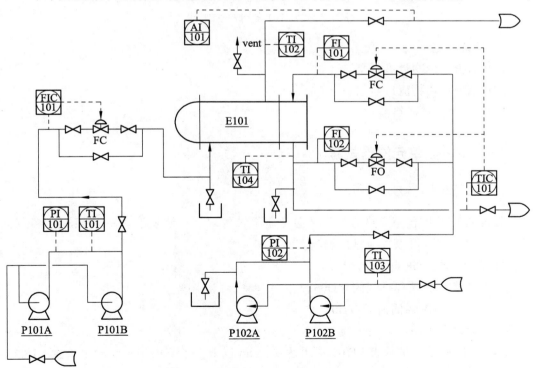

图 1-4　换热器工艺

由泵 P101A/B 送至换热器 E101 的壳程被流经管程的热物流加热至 145 ℃，并有 20% 被汽化。冷物流流量由流量控制器 FIC101 控制，正常流量为 12 000 kg/h。来自另一设备的 225 ℃热物流经泵 P102A/B 送至换热器 E101 与注经壳程的冷物流进行热交换，热物流出口温度由 TIC101 控制（177 ℃）。

为保证热物流的流量稳定，TIC101 采用分程控制，TV101A 和 TV101B 分别调节流经 E101 和副线的流量，TIC101 输出 0%~100%分别对应 TV101A 开度 0%~100%，TV101B 开度 100%~0%。

2. 复杂控制方案（图 1-5）

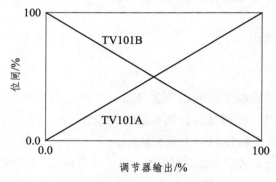

图 1-5　TIC101 的分程控制线

3. 设备一览

P101A/B：冷物流进料泵；

P102A/B：热物流进料泵；

E101：列管式换热器。

三、换热器单元操作规程

（一）开车操作规程

装置的开工状态为换热器处于常温常压下，各调节阀处于手动关闭状态，各手操阀处于关闭状态，可以直接进冷物流。

1. 启动冷物流进料泵 P101A

（1）开换热器壳程排气阀 VD03。

（2）开 P101A 泵的前阀 VB01。

（3）启动泵 P101A。

（4）当进料压力指示表 PI101 指示达 9.0 atm 以上，打开 P101A 泵的出口阀 VB03。

2. 冷物流 E101 进料

（1）打开 FIC101 的前后阀 VB04、VB05，手动逐渐开大调节阀 FV101（FIC101）。

（2）观察壳程排气阀 VD03 的出口，当有液体溢出时（VD03 旁边标志变绿），标志着壳程已无不凝性气体，关闭壳程排气阀 VD03，壳程排气完毕。

（3）打开冷物流出口阀（VD04），将其开度置为 50%，手动调节 FV101，使 FIC101 达到 12 000 kg/h，且较稳定时 FIC101 设定为 12 000 kg/h，投自动。

3. 启动热物流入口泵 P102A

（1）开管程放空阀 VD06。

（2）开 P102A 泵的前阀 VB11。

（3）启动 P102A 泵。

（4）当热物流进料压力表 PI102 指示大于 10atm 时，全开 P102 泵的出口阀 VB10。

4. 热物流进料

（1）全开 TV101A 的前后阀 VB06、VB07，TV101B 的前后阀 VB08、VB09。

（2）打开调节阀 TV101A（默认即开）给 E101 管程注液，观察 E101 管程排气阀 VD06 的出口，当有液体溢出时（VD06 旁边标志变绿），标志着管程已无不凝性气体，此时关管程排气阀 VD06，E101 管程排气完毕。

（3）打开 E101 热物流出口阀（VD07），将其开度置为 50%，手动调节管程温度控制阀 TIC101，使其出口温度在 (177 ± 2)℃，且较稳定，TIC101 设定在 177 ℃，投自动。

（二）正常操作规程

1. 正常工况操作参数

（1）冷物流流量为 12 000 kg/h，出口温度为 145 ℃，汽化率 20%。

（2）热物流流量为 10 000 kg/h，出口温度为 177 ℃。

2. 备用泵的切换

（1）P101A 与 P101B 之间可任意切换。

（2）P102A 与 P102B 之间可任意切换。

3. 停车操作规程

1）停热物流进料泵 P102A

（1）关闭 P102 泵的出口阀 VB01。

（2）停 P102A 泵。

（3）待 PI102 指示小于 0.1 atm 时，关闭 P102 泵入口阀 VB11。

2）停热物流进料

（1）TIC101 置手动。

（2）关闭 TV101A 的前、后阀 VB06、VB07。

（3）关闭 TV101B 的前、后阀 VB08、VB09。

（4）关闭 E101 热物流出口阀 VD07。

3）停冷物流进料泵 P101A

（1）关闭 P101 泵的出口阀 VB03。

（2）停 P101A 泵。

（3）待 PI101 指示小于 0.1 atm 时，关闭 P101 泵入口阀 VB01。

4）停冷物流进料

（1）FIC101 置手动。

（2）关闭 FIC101 的前、后阀 VB04、VB05。

（3）关闭 E101 冷物流出口阀 VD04。

5）E101 管程泄液

打开管程泄液阀 VD05，观察管程泄液阀 VD05 的出口，当不再有液体泄出时，关闭泄液阀 VD05。

6）E101 壳程泄液

打开壳程泄液阀 VD02，观察壳程泄液阀 VD02 的出口，当不再有液体泄出时，关闭泄液阀 VD02。

（三）仪表及报警一览表（表1-5）

表 1-5　仪表及报警一览表

位号	说明	类型	正常值	量程上限	量程下限	工程单位	高报值	低报值	高高报值	低低报值
FIC101	冷流入口流量控制	PID	12 000	20 000	0	kg/h	17 000	3000	19 000	1000
TIC101	热流入口温度控制	PID	177	300	0	℃	255	45	285	15
PI101	冷流入口压力显示	AI	9.0	27 000	0	atm	10	3	15	1
TI101	冷流入口温度显示	AI	92	200	0	℃	170	30	190	10
PI102	热流入口压力显示	AI	10.0	50	0	atm	12	3	15	1
TI102	冷流出口温度显示	AI	145.0	300	0	℃	17	3	19	1
TI103	热流入口温度显示	AI	225	400	0	℃				
TI104	热流出口温度显示	AI	129	300	0	℃				
FI101	流经换热器流量	AI	10 000	20 000	0	kg/h				
FI102	未流经换热器流量	AI	10 000	20 000	0	kg/h				

四、事故设置一览

1. FIC101 阀卡

现象：（1）FIC101 流量减小。

（2）P101 泵出口压力升高。

（3）冷物流出口温度升高。

处理：关闭 FIC101 前后阀，打开 FIC101 的旁路阀（VD01），调节流量使其达到正常值。

2. P101A 泵坏

现象：（1）P101 泵出口压力急剧下降。

（2）FIC101 流量急剧减小。

（3）冷物流出口温度升高，汽化率增大。

处理：关闭 P101A 泵，开启 P101B 泵。

3. P102A 泵坏

现象：（1）P102 泵出口压力急剧下降。

（2）冷物流出口温度下降，汽化率降低。

处理：关闭 P102A 泵，开启 P102B 泵。

4. TV101A 阀卡

现象：（1）热物流经换热器换热后的温度降低。

（2）冷物流出口温度降低。

处理：关闭 TV101A 前后阀，打开 TV101A 的旁路阀（VD01），调节流量使其达到正常值。关闭 TV101B 前后阀，调节旁路阀（VD09）。

5. 部分管堵

现象：（1）热物流流量减小。

（2）冷物流出口温度降低，汽化率降低。

（3）热物流 P102 泵出口压力略升高。

处理：停车拆换热器清洗。

6. 换热器结垢严重

现象：热物流出口温度高。

处理：停车拆换热器清洗

思考题

1. 冷态开车先送冷物料，后送热物料；而停车时又要先关热物料，后关冷物料，为什么？

2. 开车时不排出不凝气会有什么后果？如何操作才能排净不凝气？

3. 为什么停车后管程和壳程都要高点排气、低点泄液？

4. 你认为本系统调节器 TIC101 的设置合理吗？如何改进？

5. 影响间壁式换热器传热量的因素有哪些？

6. 传热有哪几种基本方式，各自的特点是什么？

7. 工业生产中常见的换热器有哪些？

实验五　管式加热炉单元仿真

一、实验目的

（1）了解管式加热炉单元的工艺流程。

（2）掌握管式加热炉单元操作规程。

（3）了解管式加热炉常见事故的主要现象及处理方法。

二、工艺流程说明

（一）工艺流程简述

本单元选择的是石油化工生产中最常用的管式加热炉。管式加热炉是一种直接受热式加热设备，主要用于加热液体或气体化工原料，所用燃料通常有燃料油和燃料气。管式加热炉的传热方式以辐射传热为主，管式加热炉通常由以下几部分构成：

（1）辐射室：通过火焰或高温烟气进行辐射传热的部分。这部分直接受火焰冲刷，温度很高（600～1600 ℃），是热交换的主要场所（占热负荷的 70%～80%）。

（2）对流室：靠辐射室出来的烟气进行以对流传热为主的换热部分。

（3）燃烧器：是使燃料雾化并混合空气，使之燃烧的产热设备，燃烧器可分为燃料油燃烧器，燃料气燃烧器和油-气联合燃烧器。

（4）通风系统：将燃烧用空气引入燃烧器，并将烟气引出炉子，可分为自然通风方式和强制通风方式。

1. 工艺物料系统

某烃类化工原料在流量调节器 FIC101 的控制下先进入加热炉 F-101 的对流段，经对流的加热升温后，再进入 F-101 的辐射段，被加热至 420 ℃后，送至下一工序，其炉出口温度由调节器 TIC106 通过调节燃料气流量或燃料油压力来控制。

采暖水在调节器 FIC102 控制下，经与 F-101 的烟气换热，回收余热后，返回采暖水系统。

2. 燃料系统

燃料气管网的燃料气在调节器 PIC101 的控制下进入燃料气罐 V-105，燃料气在 V-105 中脱油脱水后，分两路送入加热炉，一路在 PCV01 控制下送入长明线；一路在 TV106 调节阀控制下送入油-气联合燃烧器。

来自燃料油罐 V-108 的燃料油经 P101A/B 升压后，在 PIC109 控制压送至燃烧器火嘴前，用于维持火嘴前的油压，多余燃料油返回 V-108。来自管网的雾化水蒸气在

PDIC112 的控制压与燃料油保持一定压差情况下送入燃料器。来自管网的吹热水蒸气直接进入炉膛底部。

（二）本单元复杂控制方案说明

炉出口温度控制：

TIC106 工艺物流炉出口温度，TIC106 通过一个切换开关 HS101。实现两种控制方案：一是直接控制燃料气流量，二是与燃料压力调节器 PIC109 构成串级控制。当采用第一种方案时：燃料油的流量固定，不做调节，通过 TIC106 自动调节燃料气流量控制工艺物流炉出口温度；当采用第二种方案时：燃料气流量固定，TIC106 和燃料压力调节器 PIC109 构成串级控制回路，控制工艺物流炉出口温度。

（三）设备一览

V-105：燃料气分液罐；

V-108：燃料油储罐；

F-101：管式加热炉；

P-101A：燃料油 A 泵；

P-101B：燃料油 B 泵。

三、本单元操作规程

（一）开车操作规程

装置的开车状态为氨置换的常温常压氨封状态。

1. 开车前的准备

（1）公用工程启用（现场图 "UTILITY" 按钮置 "ON"）。

（2）摘除联锁（现场图 "BYPASS" 按钮置 "ON"）。

（3）联锁复位（现场图 "RESET" 按钮置 "ON"）。

2. 点火准备工作

（1）全开加热炉的烟道挡板 MI102。

（2）打开吹扫水蒸气阀 D03，吹扫炉膛内的可燃气体（实际约需 10 min）。

（3）待可燃气体的含量低于 0.5%后，关闭吹扫水蒸气阀 D03。

（4）将 MI101 调节至 30%。

（5）调节 MI102 在一定的开度（30%左右）。

3. 燃料气准备

（1）手动打开 PIC101 的调节阀，向 V-105 充燃料气。

（2）控制 V-105 的压力不超过 2 atm，在 2 atm 处将 PIC101 投自动。

4. 点火操作

（1）当 V-105 压力大于 0.5 atm 后，启动点火棒（"IGNITION"按钮置"ON"），开长明线上的根部阀门 D05。

（2）确认点火成功（火焰显示）。

（3）若点火不成功，需重新进行吹扫和再点火。

5. 升温操作

（1）确认点火成功后，先进燃料气线上的调节阀的前后阀（B03、B04），再稍开调节阀（<10%）（TV106），再全开根部阀 D10，引燃料气入加热炉火嘴。

（2）用调节阀 TV106 控制燃料气量，来控制升温速度。

（3）当炉膛温度升至 100 ℃时恒温 30 s（实际生产恒温 1 h）烘炉，当炉膛温度升至 180 ℃时恒温 30 s（实际生产恒温 1 h）暖炉。

6. 引工艺物料

当炉膛温度升至 180 ℃后，引工艺物料：

（1）先开进料调节阀的前后阀 B01、B02，再稍开调节阀 FV101（<10%）。引进工艺物料进加热炉。

（2）先开采暖水线上调节阀的前后阀 B13、B12，再稍开调节阀 FV102（<10%），引采暖水进加热炉。

7. 启动燃料油系统

待炉膛温度升至 200 ℃左右时，开启燃料油系统：

（1）开雾化水蒸气调节阀的前后阀 B15、B14，再微开调节阀 PDIC112（<10%）。

（2）全开雾化水蒸气的根部阀 D09。

（3）开燃料油压力调节阀 PV109 的前后阀 B09、B08。

（4）开燃料油返回 V-108 管线阀 D06。

（5）启动燃料油泵 P101A。

（6）微开燃料油调节阀 PV109（<10%），建立燃料油循环。

（7）全开燃料油根部阀 D12，引燃料油入火嘴。

（8）打开 V-108 进料阀 D08，保持储罐液位为 50%。

（9）按升温需要逐步开大燃料油调节阀，通过控制燃料油升压（最后到 6 atm 左右）来控制进入火嘴的燃料油量，同时控制 PDIC112 在 4 atm 左右。

8. 调整至正常

（1）逐步升温使炉出口温度至正常（420 ℃）。

（2）在升温过程中，逐步开大工艺物料线的调节阀，使之流量调整至正常。

（3）在升温过程中，逐步采暖水流量调至正常。

（4）在升温过程中，逐步调整风门使烟气氧含量正常。

（5）逐步调节挡板开度使炉膛负压正常。

（6）逐步调整其他参数至正常。

（7）将联锁系统投用（"INTERLOCK"按钮置"ON"）。

（二）正常操作规程

1. 正常工况下主要工艺参数的生产指标

（1）炉出口温度 TIC106：420 ℃。

（2）炉膛温度 TI104：640 ℃。

（3）烟道气温度 TI105：210 ℃。

（4）烟道氧含量 AR101：4%。

（5）炉膛负压 PI107：-2.0 mmH$_2$O。

（6）工艺物料量 FIC101：3072.5 kg/h。

（7）采暖水流量 FIC102：9584 kg/h。

（8）V-105 压力 PIC101：2 atm。

（9）燃料油压力 PIC109：6 atm。

（10）雾化蒸气压差 PDIC112：4 atm。

2. TIC106 控制方案切换

工艺物料的炉出口温度 TIC106 可以通过燃料气和燃料油两种方式进行控制。两种方式的切换由 HS101 切换开关来完成。当 HS100 切入燃料气控制时，TIC106 直接控制燃料气调节阀，燃料油由 PIC109 单回路自行控制；当 HS101 切入燃料油控制时，TIC106 与 PIC109 结成串级控制，通过燃料油压力控制燃料油燃烧量。

（三）停车操作规程

1. 停车准备

摘除联锁系统（现场图上按下"联锁不投用"）。

2. 降　量

（1）通过 FIC101 逐步降低工艺物料进料量至正常的 70%。

（2）在 FIC101 降量过程中，逐步通过减少燃料油压力或燃料气流量，来维持炉出口温度 TIC106 稳定在 420 ℃左右。

（3）在 FIC101 降量过程中，逐步降低采暖水 FIC102 的流量。

（4）在降量过程中，适当调节风门和挡板，维持烟气氧含量和炉膛负压。

3. 降温及停燃料油系统

（1）当 FIC101 降至正常量的 70%后，逐步开大燃料油的 V-108 返回阀来降低燃料油压力，降温。

（2）待 V-108 返回阀全开后，可逐步关闭燃料油调节阀，再停燃料油泵（P101A/B）。

（3）在降低燃料油压力的同时，降低雾化水蒸气流量，最终关闭雾化水蒸气调节阀。

（4）在以上降温过程中，可适当降低工艺物料进料量，但不可使炉出口温度高于420 ℃。

4. 停燃料气及工艺物料

（1）待燃料油系统停完后，关闭 V-105 燃料气入口调节阀（PIC101 调节阀），停止向 V-105 供燃料气。

（2）待 V-105 压力下降至 0.3 atm 时，关燃料气调节阀 TV106。

（3）待 V-105 压力降至 0.1 atm 时，关长明灯根部阀 D05，灭火。

（4）待炉膛温度低于 150 ℃时，关 FIC101 调节阀停工艺进料，关 FIC102 调节阀，停采暖水。

5. 炉膛吹扫

（1）灭火后，开吹扫水蒸气，吹扫炉膛 5 s（实际 10 min）。

（2）停吹扫水蒸气后，保持风门、挡板一定开度，使炉膛正常通风。

（四）复杂控制系统和联锁系统

1. 炉出口温度控制

TIC106 工艺物流炉出口温度 TIC106 通过一个切换开关 HS101。实现两种控制方案：一是直接控制燃料气流量，二是与燃料压力调节器 PIC109 构成串级控制。

2. 炉出口温度联锁

（1）联锁源

① 工艺物料进料量过低（FIC101<正常值的 50%）。

② 雾化蒸气压力过低（低于 7 atm）。

（2）联锁动作

① 关闭燃料气入炉电磁阀 S01。

② 关闭燃料油入炉电磁阀 S02。

③ 打开燃料油返回电磁阀 S03。

四、事故设置一览

1. 燃料油火嘴堵

现象：（1）燃料油泵出口压控阀压力忽大忽小。

（2）燃料气流量急剧增大。

处理：紧急停车。

2. 燃料气压力低

现象：（1）炉膛温度下降。

（2）炉出口温度下降。

（3）燃料气分液罐压力降低。

处理：（1）改为烧燃料油控制。

（2）通知指导教师联系调度处理。

3. 炉管破裂

现象：（1）炉膛温度急剧升高。

（2）炉出口温度升高。

（3）燃料气控制阀关阀。

处理：炉管破裂的紧急停车。

4. 燃料气调节阀卡

现象：（1）调节器信号变化时燃料气流量不发生变化。

（2）炉出口温度下降。

处理：（1）改现场旁路手动控制。

（2）通知指导老师联系仪表人员进行修理。

5. 燃料气带液

现象：（1）炉膛和炉出口温度先下降。

（2）燃料气流量增加。

（3）燃料气分液罐液位升高。

处理：（1）关燃料气控制阀。

（2）改由烧燃料油控制。

（3）通知教师联系调度处理。

6. 燃料油带水

现象：燃料气流量增加。

处理：（1）关燃料油根部阀和雾化水蒸气。

（2）改由烧燃料气控制。

（3）通知指导教师联系调度处理。

7. 雾化蒸气压力低

现象：（1）产生联锁。

（2）PIC109 控制失灵。

（3）炉膛温度下降。

处理：（1）关燃料油根部阀和雾化水蒸气。

（2）直接用温度控制调节器控制炉温。

（3）通知指导教师联系调度处理。

8. 燃料油泵 A 停

现象：（1）炉膛温度急剧下降。

（2）燃料气控制阀开度增加。

处理：（1）现场启动备用泵。

　　　（2）调节燃料气控制阀的开度。

思考题

1. 什么叫工业炉？其按热源可分为几类？

2. 油气混合燃烧炉的主要结构是什么？开/停车时应注意哪些问题？

3. 加热炉在点火前为什么要对炉膛进行水蒸气吹扫？

4. 加热炉点火时为什么要先点燃点火棒，再依次开长明线阀和燃料气阀？

5. 在点火失败后，应做些什么工作？为什么？

6. 加热炉在升温过程中为什么要烘炉？升温速度应如何控制？

7. 加热炉在升温过程中，什么时候引入工艺物料，为什么？

8. 在点燃燃油火嘴时应做哪些准备工作？

9. 雾化蒸气量过大或过小，对燃烧有什么影响？应如何处理？

10. 烟道气出口氧气含量为什么要保持在一定范围？过高或过低意味着什么？

11. 加热过程中风门和烟道挡板的开度大小对炉膛负压和烟道气出口氧气含量有什么影响？

12. 本流程中三个电磁阀的作用是什么？在开/停车时应如何操作？

实验六　萃取塔单元仿真

一、实验目的

（1）了解萃取塔单元的工作原理和工艺流程。

（2）掌握萃取塔单元操作规程。

（3）了解萃取塔常见事故的主要现象及处理方法。

二、工作原理简述

利用化合物在两种互不相溶（或微溶）的溶剂中溶解度或分配系数的不同，使化合物从一种溶剂内转移到另外一种溶剂中。经过反复多次萃取，将绝大部分的化合物提取出来。

分配定律是萃取方法理论的主要依据，物质对不同的溶剂有着不同的溶解度。在两种互不相溶的溶剂中，加入某种可溶性的物质时，它能分别溶解于两种溶剂中。实验证明，在一定温度下，该化合物与此两种溶剂不发生分解、电解、缔合和溶剂化等作用时，此化合物在两液层中之比是一个定值。不论所加物质的量是多少，都是如此。用以下公式表示：

$$C_A/C_B=K \qquad\qquad (1\text{-}1)$$

式中　C_A, C_B——一种化合物在两种互不相溶的溶剂中的摩尔浓度。

K——一个常数，称为"分配系数"。

有机化合物在有机溶剂中一般比在水中溶解度大。用有机溶剂提取溶解于水的化合物是萃取的典型实例。在萃取时，若在水溶液中加入一定量的电解质（如氯化钠），利用"盐析效应"以降低有机物和萃取溶剂在水溶液中的溶解度，常可提高萃取效果。

要把所需要的化合物从溶液中完全萃取出来，通常萃取一次是不够的，必须重复萃取数次。利用分配定律的关系，可以算出经过萃取后化合物的剩余量。设原溶液的体积为 V，萃取前化合物的总量为 w_0，萃取 n 次后化合物的剩余量为 w_n，萃取溶液的体积为 S。

经一次萃取，原溶液中该化合物的浓度为 w_1/V；而萃取溶剂中该化合物的浓度为 $(w_0-w_1)/S$；两者之比等于 K，即

$$\frac{w_1/V}{(w_0-w_1)/S}=K \tag{1-2}$$

$$w_n = w_0\left(\frac{KV}{KV+S}\right)^n \tag{1-3}$$

当用一定量溶剂时，希望溶质在水中的剩余量越少越好。而式（1-3）中 $KV/(KV+S)$ 总是小于 1，所以 n 越大，w_n 就越小。也就是说把溶剂分成数次做多次萃取比用全部量的溶剂做一次萃取好。但应该注意，上面的公式适用于几乎和水不相溶的溶剂，如苯、四氯化碳等。而与水有少量互溶的溶剂如乙醚等，上面公式只是近似的，但还是可以定性地指出预期的结果。

三、工艺流程简介

本装置是通过萃取剂（水）来萃取丙烯酸丁酯生产过程中的催化剂（对甲苯磺酸）。具体工艺如下：

将自来水（FCW）通过阀 V4001 或者通过泵 P425 及阀 V4002 送进催化剂萃取塔 C-421，当液位调节器 LIC4009 为 50% 时，关闭阀 V4001 或者泵 P425 及阀 V4002；开启泵 P413 将含有产品和催化剂的 R-412B 的流出物在被 E-415 冷却后进入催化剂萃取塔 C-421 的塔底；开启泵 P412A，将来自 D-411 作为溶剂的水从顶部加入。泵 P413 的流量由 FIC-4020 控制在 21 126.6 kg/h；P412 的流量由 FIC4021 控制在 2112.7 kg/h；萃取后的丙烯酸丁酯主物流从塔顶排出，进入塔 C-422；塔底排出的水相中含有大部分的催化剂及未反应的丙烯酸，一路返回反应器 R-411A 循环使用，一路去重组分分解器 R-460 作为分解用的催化剂（图 1-6）。

（一）主要设备（表 1-6）

表 1-6　主要设备一览表

设备位号	设备名称
P-425	进水泵
P-412A/B	溶剂进料泵
P-413	主物流进料泵
E-415	冷却器
C-421	萃取塔

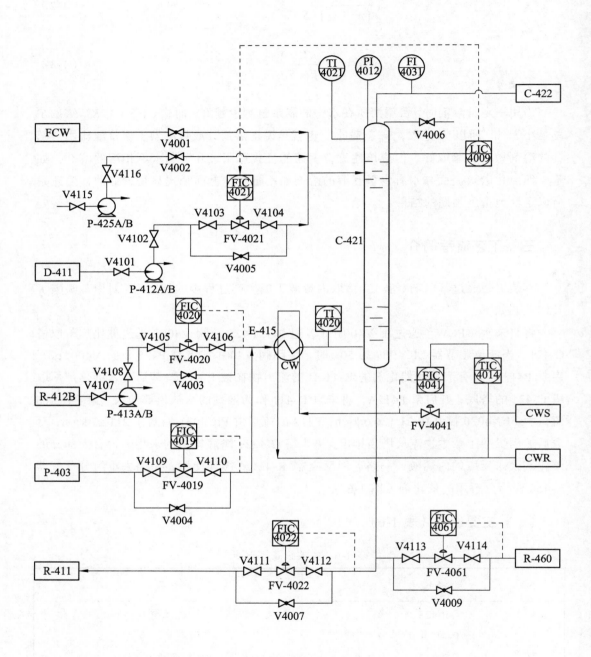

图 1-6　萃取塔单元带控制点流程

（二）调节阀、显示仪表及现场阀说明

1. 调节阀（表 1-7）

表 1-7　调节阀

位号	所控调节阀	正常值	单位	正常工况
FIC4021	FV4021	2 112.7	kg/h	串级
FIC4020	FV4020	21 126.6	kg/h	自动
FIC4022	FV4022	1 868.4	kg/h	自动
FIC4041	FV4041	20 000	kg/h	串级
FIC4061	FV4061	77.1	kg/h	自动
LI4009	萃取剂相液位	50	%	自动
TIC4014		30	℃	自动

2. 显示仪表（表 1-8）

表 1-8　显示仪表

位号	显示变量	正常值	单位
TI4021	C-421 塔顶温度	35	℃
PI4012	C-421 塔顶压力	101.3	kPa
TI4020	主物料出口温度	35	℃
FI4031	主物料出口流量	21 293.8	kg/h

3. 现场阀说明（表 1-9）

表 1-9　现场阀

位　号	名　称
V4001	FCW 的入口阀
V4002	水的入口阀
V4003	调节阀 FV4020 的旁通阀
V4004	C421 的泻液阀
V4005	调节阀 FV4021 的旁通阀
V4007	调节阀 FV4022 的旁通阀
V4009	调节阀 FV4061 的旁通阀
V4101	泵 P412A 的前阀
V4102	泵 P412A 的后阀

续表

位　号	名　称
V4103	调节阀 FV4021 的前阀
V4104	调节阀 FV4021 的后阀
V4105	调节阀 FV4020 的前阀
V4106	调节阀 FV4020 的后阀
V4107	泵 P413 的前阀
V4108	泵 P413 的后阀
V4111	调节阀 FV4022 的前阀
V4112	调节阀 FV4022 的后阀
V4113	调节阀 FV4061 的前阀
V4114	调节阀 FV4061 的后阀
V4115	泵 P425 的前阀
V4116	泵 P425 的后阀
V4117	泵 P412B 的前阀
V4118	泵 P412B 的后阀
V4119	泵 P412B 的开关阀
V4123	泵 P425 的开关阀
V4124	泵 P412A 的开关阀
V4125	泵 P413 的开关阀

四、操作规程

（一）冷态开车

进料前确认所有调节器为手动状态，调节阀和现场阀均处于关闭状态，机泵处于关停状态。

1. 灌　水

（1）（当 D-425 液位 LIC-4016 达到 50%时）全开泵 P425 的前后阀 V4115 和 V4116，启动泵 P425。

（2）打开手阀 V4002，使其开度为 50%，对萃取塔 C-421 进行灌水。

（3）当 C421 界面液位 LIC4009 的显示值接近 50%，关闭阀门 V4002

（4）依次关闭泵 P425 的后阀 V4116，开关阀 V4123，前阀 V4115。

2. 启动换热器

开启调节阀 FV4041，使其开度为 50%，对换热器 E415 通冷物料。

3. 引反应液

（1）依次开启泵 P413 的前阀 V4107，开关阀 V4125，后阀 V4108，启动泵 P413。

（2）全开调节器 FIC4020 的前后阀 V4105 和 V4106，开启调节阀 FV4020，使其开度为 50%，将 R-412B 出口液体经换热器 E-415 送至 C-421。

（3）将 TIC4014 投自动，设为 30 ℃；并将 FIC4041 投串级。

4. 引溶剂

（1）打开泵 P412 的前阀 V4101，开关阀 V4124，后阀 V4102，启动泵 P412。

（2）全开调节器 FIC4021 的前后阀 V4103 和 V4104，开启调节阀 FV4021，使其开度为 50%，将 D-411 出口液体送至 C-421。

5. 引 C421 萃取液

（1）全开调节器 FIC4022 的前后阀 V4111 和 V4112，开启调节阀 FV4022，使其开度为 50%，将 C421 塔底的部分液体返回 R-411A 中。

（2）全开调节器 FIC4061 的前后阀 V4113 和 V4114，开启调节阀 FV4061，使其开度为 50%，将 C-421 塔底的另外部分液体送至重组分分解器 R-460 中。

6. 调至平衡

（1）界面液位 LIC4009 达到 50% 时，投自动；

（2）FIC4021 达到 2 112.7 kg/h 时，投串级；

（3）FIC4020 的流量达到 21 126.6 kg/h 时，投自动

（4）FIC4022 的流量达到 1 868.4 kg/h 时，投自动；

（5）FIC4061 的流量达到 77.1 kg/h 时，投自动。

（二）正常运行

熟悉工艺流程，维持各工艺参数稳定；密切注意各工艺参数的变化情况，发现突发事故时，应先分析事故原因，并做出正确处理。

（三）正常停车

1. 停主物料进料

（1）关闭调节阀 FV4020 的前后阀 V4105 和 V4106，将 FV4020 的开度调为 0。

（2）关闭泵 P413 的后阀 V4108，开关阀 V4125，前阀 V4107。

2. 灌自来水

（1）打开进自来水阀 V4001，使其开度为 50%；

（2）当罐内物料相中的 BA 的含量小于 0.9% 时，关闭 V4001。

3. 停萃取剂

（1）将控制阀 FV4021 的开度调为 0，关闭前手阀 V4103 和 V4104 关闭；

（2）关闭泵 P412A 的后阀 V4102，开关阀 V4124，后阀 V4101。

4. 萃取塔 C421 泻液

（1）打开阀 V41007，使其开度为 50%，同时将 FV4022 的开度调为 100%；

（2）打开阀 V41009，使其开度为 50%，同时将 FV4061 的开度调为 100%；

（3）当 FIC4022 的值小于 0.5 kg/h 时，关闭 V41007，将 FV4022 的开度置 0，关闭其前后阀 V4111 和 V4112；同时关闭 V41009，将 FV4061 的开度置 0，关闭其前后阀 V4113 和 V4114。

五、事故处理

1. P412A 泵坏

现象：（1）P412A 泵的出口压力急剧下降；

（2）FIC4021 的流量急剧减小。

处理：（1）停泵 P12A；

（2）换用泵 P412B。

2. 调节阀 FV4020 阀卡

现象：FIC4020 的流量不可调节。

处理：（1）打开旁通阀 V4003；

（2）关闭 FV4020 的前后阀 V4105、V4106。

思考题

1. 萃取塔单元的主要工作原理是什么？

2. 列举目前工业上常见的萃取塔。

3. P412A 泵坏的现象是怎么？怎么处理？

4. 在冷态开车进料前为什么要确认所有调节器为手动状态，调节阀和现场阀均处于关闭状态，机泵处于关停状态？

实验七　吸收解析单元仿真

一、实验目的

（1）了解吸收解析单元的工艺流程。

（2）掌握吸收解析单元操作规程。

（3）了解吸收解析常见事故的主要现象及处理。

二、工艺流程说明

1. 工艺说明

吸收解吸是石油化工生产过程中较常用的重要单元操作过程。吸收过程是利用气体混合物中各个组分在液体（吸收剂）中的溶解度不同，来分离气体混合物。被溶解的组分称为溶质或吸收质，含有溶质的气体称为富气，不被溶解的气体称为贫气或惰性气体。

溶解在吸收剂中的溶质和在气相中的溶质存在溶解平衡，当溶质在吸收剂中达到溶解平衡时，溶质在气相中的分压称为该组分在该吸收剂中的饱和蒸气压。当溶质在气相中的分压大于该组分的饱和蒸气压时，溶质就从气相溶入溶质中，称为吸收过程。当溶质在气相中的分压小于该组分的饱和蒸气压时，溶质就从液相逸出到气相中，称为解吸过程。

提高压力、降低温度有利于溶质吸收；降低压力、提高温度有利于溶质解吸，正是利用这一原理分离气体混合物，而吸收剂可以重复使用。

该单元以 C_6 油为吸收剂，分离气体混合物（其中 C_4：25.13%，CO 和 CO_2：6.26%，N_2：64.58%，H_2：3.5%，O_2：0.53%）中的 C_4 组分（吸收质）。

从界区外来的富气从底部进入吸收塔 T-101。界区外来的纯 C_6 油吸收剂储存于 C_6 油储罐 D-101 中，由 C_6 油泵 P-101A/B 送入吸收塔 T-101 的顶部，C_6 流量由 FRC103 控制。吸收剂 C_6 油在吸收塔 T-101 中自上而下与富气逆向接触，富气中 C_4 组分被溶解在 C_6 油中。不溶解的贫气自 T-101 顶部排出，经盐水冷却器 E-101 被-4 ℃的盐水冷却至 2 ℃进入尾气分离罐 D-102。吸收了 C_4 组分的富油（C_4：8.2%，C_6：91.8%）从吸收塔底部排出，经贫富油换热器 E-103 预热至 80 ℃进入解吸塔 T-102。吸收塔塔釜液位由 LIC101 和 FIC104 通过调节塔釜富油采出量串级控制。

来自吸收塔顶部的贫气在尾气分离罐 D-102 中回收冷凝的 C_4、C_6 后，不凝气在 D-102 压力控制器 PIC103（1.2 MPa）（G）控制下排入放空总管进入大气。回收的冷凝液（C_4、C_6）与吸收塔釜排出的富油一起进入解吸塔 T-102。

预热后的富油进入解吸塔 T-102 进行解吸分离。塔顶气相出料（C$_4$：95%）经全冷器 E-104 换热降温至 40 ℃全部冷凝进入塔顶回流罐 D-103，其中一部分冷凝液由 P-102A/B 泵打回流至解吸塔顶部，回流量 8.0 t/h，由 FIC106 控制，其他部分作为 C$_4$ 产品在液位控制（LIC105）下由 P-102A/B 泵抽出。塔釜 C$_6$ 油在液位控制（LIC104）下，经贫富油换热器 E-103 和盐水冷却器 E-102 降温至 5 ℃返回至 C$_6$ 油储罐 D-101 再利用，返回温度由温度控制器 TIC103 通过调节 E-102 循环冷却水流量控制。

T-102 塔釜温度由 TIC104 和 FIC108 通过调节塔釜再沸器 E-105 的水蒸气流量串级控制，控制温度 102 ℃。塔顶压力由 PIC-105 通过调节塔顶冷凝器 E-104 的冷却水流量控制，另有一塔顶压力保护控制器 PIC-104，在塔顶有凝气压力高时通过调节 D-103 放空量降压。

因为塔顶 C$_4$ 产品中含有部分 C$_6$ 油及其他 C$_6$ 油损失，所以随着生产的进行，要定期观察 C$_6$ 油储罐 D-101 的液位，补充新鲜 C$_6$ 油。

2. 本单元复杂控制方案说明

吸收解吸单元复杂控制回路主要是串级回路的使用，在吸收塔、解吸塔和产品罐中都使用了液位与流量串级回路。

串级回路：是在简单调节系统基础上发展起来的。在结构上，串级回路调节系统有两个闭合回路。主、副调节器串联，主调节器的输出为副调节器的给定值，系统通过副调节器的输出操纵调节阀动作，实现对主参数的定值调节。所以在串级回路调节系统中，主回路是定值调节系统，副回路是随动系统。

举例：在吸收塔 T101 中，为了保证液位的稳定，有一塔釜液位与塔釜出料组成的串级回路。液位调节器的输出同时是流量调节器的给定值，即流量调节器 FIC104 的 SP 值由液位调节器 LIC101 的输出 OP 值控制，LIC101.OP 的变化使 FIC104.SP 产生相应的变化。

3. 设备一览

T-101：吸收塔；

D-101：C$_6$ 油储罐；

D-102：气液分离罐；

E-101：吸收塔顶冷凝器；

E-102：循环油冷却器；

P-101A/B：C$_6$ 油供给泵；

T-102：解吸塔；

D-103：解吸塔顶回流罐；

E-103：贫富油换热器；

E-104：解吸塔顶冷凝器；

E-105：解吸塔釜再沸器；

P-102A/B：解吸塔顶回流、塔顶产品采出泵。

三、吸收解吸单元操作规程

（一）开车操作规程

装置的开工状态为吸收塔解吸塔系统均处于常温常压下，各调节阀处于手动关闭状态，各手操阀处于关闭状态，氮气置换已完毕，公用工程已具备条件，可以直接进行氮气充压。

1. 氮气充压

（1）确认所有手阀处于关状态。

（2）氮气充压。

① 打开氮气充压阀，给吸收塔系统充压。

② 当吸收塔系统压力升至 1.0 MPa（G）左右时，关闭 N_2 充压阀。

③ 打开氮气充压阀，给解吸塔系统充压。

④ 当吸收塔系统压力升至 0.5 MPa（G）左右时，关闭 N_2 充压阀。

2. 进吸收油

（1）确认。

① 系统充压已结束。

② 所有手阀处于关状态。

（2）吸收塔系统进吸收油。

① 打开引油阀 V9 至开度 50%左右，给 C_6 油储罐 D-101 充 C_6 油至液位 70%。

② 打开 C_6 油泵 P-101A（或 B）的入口阀，启动 P-101A（或 B）。

③ 打开 P-101A（或 B）出口阀，手动打开 FV103 阀至 30%左右给吸收塔 T-101 充液至 50%。充油过程中注意观察 D-101 液位，必要时给 D-101 补充新油。

（3）解吸塔系统进吸收油。

① 手动打开调节阀 FV104 开度至 50%左右，给解吸塔 T-102 进吸收油至液位 50%。

② 给 T-102 进油时注意给 T-101 和 D-101 补充新油，以保证 D-101 和 T-101 的液位均不低于 50%。

3. C_6 油冷循环

（1）确认。

① 储罐，吸收塔，解吸塔液位 50%左右。

② 吸收塔系统与解吸塔系统保持合适压差。

（2）建立冷循环。

① 手动逐渐打开调节阀 LV104，向 D-101 倒油。

② 当向 D-101 倒油时，同时逐渐调整 FV104，以保持 T-102 液位在 50% 左右，将 LIC104 设定在 50% 投自动。

③ 由 T-101 至 T-102 油循环时，手动调节 FV103 以保持 T-101 液位在 50% 左右，将 LIC101 设定在 50% 投自动。

④ 手动调节 FV103，使 FRC103 保持在 13.50 t/h，投自动，冷循环 10 min。

4. T-102 回流罐 D-103 灌 C$_4$

打开 V21 向 D-103 灌 C$_4$ 至液位为 40%。

5. C$_6$ 油热循环

（1）确认。

① 冷循环过程已经结束。

② D-103 液位已建立。

（2）T-102 再沸器投用。

① 设定 TIC103 于 5 ℃，投自动。

② 手动打开 PV105 至 70%。

③ 手动控制 PIC105 于 0.5 MPa，待回流稳定后再投自动。

④ 手动打开 FV108 至 50%，开始给 T-102 加热。

（3）建立 T-102 回流。

① 随着 T-102 塔釜温度 TIC107 逐渐升高，C$_6$ 油开始汽化，并在 E-104 中冷凝至回流罐 D-103。

② 当塔顶温度高于 50 ℃时，打开 P-102A/B 泵的入出口阀 VI25/27、VI26/28，打开 FV106 的前后阀，手动打开 FV106 至合适开度，维持塔顶温度高于 51 ℃。

③ 当 TIC107 温度指示达到 102 ℃时，将 TIC107 设定在 102 ℃投自动，TIC107 和 FIC108 投串级。

④ 热循环 10 min。

6. 进富气

（1）确认 C$_6$ 油热循环已经建立。

（2）进富气。

① 逐渐打开富气进料阀 V1，开始富气进料。

② 随着 T-101 富气进料，塔压升高，手动调节 PIC103 使压力恒定在 1.2 MPa（表压）。当富气进料达到正常值后，设定 PIC103 于 1.2 MPa（表压），投自动。

③ 当吸收了 C$_4$ 的富油进入解吸塔后，塔压将逐渐升高，手动调节 PIC105，维持 PIC105 在 0.5 MPa（表压），稳定后投自动。

④ 当 T-102 温度，压力控制稳定后，手动调节 FIC106 使回流量达到正常值 8.0 t/h，投自动。

⑤ 观察 D-103 液位，液位高于 50 时，打开 LIV105 的前后阀，手动调节 LIC105

维持液位在 50%，投自动。

⑥ 将所有操作指标逐渐调整到正常状态。

（二）正常操作规程

1. 正常工况操作参数

（1）吸收塔顶压力控制 PIC103：1.20 MPa（表压）。

（2）吸收油温度控制 TIC103：5.0 ℃。

（3）解吸塔顶压力控制 PIC105：0.50 MPa（表压）。

（4）解吸塔顶温度：51.0 ℃。

（5）解吸塔釜温度控制 TIC107：102.0 ℃。

2. 补充新油

因为塔顶 C_4 产品中含有部分 C_6 油及其他 C_6 油损失，所以随着生产的进行，要定期观察 C_6 油储罐 D-101 的液位，当液位低于 30% 时，打开阀 V9 补充新鲜的 C_6 油。

3. D-102 排液

生产过程中贫气中的少量 C_4 和 C_6 组分积累于尾气分离罐 D-102 中，定期观察 D-102 的液位，当液位高于 70% 时，打开阀 V7 将凝液排放至解吸塔 T-102 中。

4. T-102 塔压控制

正常情况下 T-102 的压力由 PIC-105 通过调节 E-104 的冷却水流量控制。生产过程中会有少量不凝气积累于回流罐 D-103 中使解吸塔系统压力升高，这时 T-102 顶部压力超高保护控制器 PIC-104 会自动控制排放不凝气，维持压力不会超高。必要时可打手动打开 PV104 至开度 1%~3% 来调节压力。

（三）停车操作规程

1. 停富气进料

（1）关富气进料阀 V1，停富气进料。

（2）富气进料中断后，T-101 塔压会降低，手动调节 PIC103，维持 T-101 压力>1.0 MPa（表压）。

（3）手动调节 PIC105 维持 T-102 塔压力在 0.20 MPa（表压）左右。

（4）维持 T-101→T-102→D-101 的 C_6 油循环。

2. 停吸收塔系统

（1）停 C_6 油进料。

① 停 C_6 油泵 P-101A/B。

② 关闭 P-101A/B 入出口阀。

③ FRC103 置手动，关 FV103 前后阀。

④ 手动关 FV103 阀，停 T-101 油进料。

此时应注意保持 T-101 的压力，压力低时可用 N_2 充压，否则 T-101 塔釜 C_6 油无法排出。

（2）吸收塔系统泄油。

① LIC101 和 FIC104 置手动，FV104 开度保持 50%，向 T-102 泄油。

② 当 LIC101 液位降至 0%时，关闭 FV108。

③ 打开 V7 阀，将 D-102 中的凝液排至 T-102 中。

④ 当 D-102 液位指示降至 0%时，关 V7 阀。

⑤ 关 V4 阀，中断盐水停 E-101。

⑥ 手动打开 PV103，吸收塔系统泄压至常压，关闭 PV103。

3. 停解吸塔系统

（1）停 C_4 产品出料。

富气进料中断后，将 LIC105 置手动，关阀 LV105 及其前后阀。

（2）T-102 塔降温。

① TIC107 和 FIC108 置手动，关闭 E-105 水蒸气阀 FV108，停再沸器 E-105。

② 停止 T-102 加热的同时，手动关闭 PIC105 和 PIC104，保持解吸系统的压力。

（3）停 T-102 回流。

① 再沸器停用，温度下降至泡点以下后，油不再汽化，当 D-103 液位 LIC105 指示小于 10%时，停回流泵 P-102A/B，关 P-102A/B 的入出口阀。

② 手动关闭 FV106 及其前后阀，停 T-102 回流。

③ 打开 D-103 泄液阀 V19。

④ 当 D-103 液位指示下降至 0%时，关 V19 阀。

（4）T-102 泄油。

① 手动置 LV104 于 50%，将 T-102 中的油倒入 D-101。

② 当 T-102 液位 LIC104 指示下降至 10%时，关 LV104。

③ 手动关闭 TV103，停 E-102。

④ 打开 T-102 泄油阀 V18，T-102 液位 LIC104 下降至 0%时，关 V18。

（5）T-102 泄压。

① 手动打开 PV104 至开度 50%，开始 T-102 系统泄压。

② 当 T-102 系统压力降至常压时，关闭 PV104。

4. 吸收油储罐 D-101 排油

（1）当停 T-101 吸收油进料后，D-101 液位必然上升，此时打开 D-101 排油阀 V10 排污油。

（2）直至 T-102 中油倒空，D-101 液位下降至 0%，关 V10。

四、事故设置一览

1. 冷却水中断

现象：（1）冷却水流量为 0。

（2）入口路各阀常开状态。

处理：（1）停止进料，关 V1 阀。

（2）手动关 PV103 保压。

（3）手动关 FV104，停 T-102 进料。

（4）手动关 LV105，停出产品。

（5）手动关 FV103，停 T-101 回流。

（6）手动关 FV106，停 T-102 回流。

（7）关 LIC104 前后阀，保持液位。

2. 加热水蒸气中断

现象：（1）加热水蒸气管路各阀开度正常。

（2）加热水蒸气入口流量为 0。

（3）塔釜温度急剧下降。

处理：（1）停止进料，关 V1 阀。

（2）停 T-102 回流。

（3）停 D-103 产品出料。

（4）停 T-102 进料。

（5）关 PV103 保压。

（6）关 LIC104 前后阀，保持液位。

3. 仪表风中断

现象：各调节阀全开或全关。

处理：（1）打开 FRC103 旁路阀 V3。

（2）打开 FIC104 旁路阀 V5。

（3）打开 PIC103 旁路阀 V6。

（4）打开 TIC103 旁路阀 V8。

（5）打开 LIC104 旁路阀 V12。

（6）打开 FIC106 旁路阀 V13。

（7）打开 PIC105 旁路阀 V14。

（8）打开 PIC104 旁路阀 V15。

（9）打开 LIC105 旁路阀 V16。

（10）打开 FIC108 旁路阀 V17。

4. 停　电

现象：（1）泵 P-101A/B 停。

（2）泵 P-102A/B 停。

处理：（1）打开泄液阀 V10，保持 LI102 液位在 50%。

（2）打开泄液阀 V19，保持 LI105 液位在 50%。

（3）关小加热油流量，防止塔温上升过高。

（4）停止进料，关 V1 阀。

5. P-101A 泵坏

现象：（1）FRC103 流量降为 0。

（2）塔顶 C_4 上升，温度上升，塔顶压上升。

（3）釜液位下降。

处理：（1）停 P-101A（注：先关泵后阀，再关泵前阀）。

（2）开启 P-101B（先开泵前阀，再开泵后阀）。

（3）由 FRC-103 调至正常值，并投自动。

6. LIC104 调节阀卡

现象：（1）FI107 降至 0。

（2）塔釜液位上升，并可能报警。

处理：（1）关 LIC104 前后阀 VI13，VI14。

（2）开 LIC104 旁路阀 V12 至 60%左右。

（3）调整旁路阀 V12 开度，使液位保持 50%。

7. 换热器 E-105 结垢严重

现象：（1）调节阀 FIC108 开度增大。

（2）加热水蒸气入口流量增大。

（3）塔釜温度下降，塔顶温度也下降，塔釜 C_4 组成上升。

处理：（1）关闭富气进料阀 V1。

（2）手动关闭产品出料阀 LIC102。

（3）手动关闭再沸器后，清洗换热器 E-105。

思考题

1. 吸收岗位的操作是在高压、低温的条件下进行的，为什么说这样的操作条件对吸收过程的进行有利？

2. 请从节能的角度对换热器 E-103 在本单元的作用做出评价？

3. 结合本单元的具体情况，说明串级控制的工作原理。

4. 操作时若发现富油无法进入解吸塔，是哪些原因导致的？应如何调整？

5. 假如本单元的操作已经平稳，这时吸收塔的进料富气温度突然升高，分析会导致什么现象？如果造成系统不稳定，吸收塔的塔顶压力上升（塔顶 C_4 增加），有几种手段将系统调节正常？

6. 请分析本流程的串级控制。如果请你来设计，还有哪些变量间可以通过串级调节控制？这样做的优点是什么？

7. C_6 油储罐进料阀为一手操阀，有没有必要在此设一个调节阀，使进料操作自动化，为什么？

实验八　精馏塔单元仿真

一、实验目的

（1）了解精馏塔单元的工艺流程。
（2）掌握精馏塔单元操作规程。
（3）了解精馏塔常见事故的主要现象及处理方法。

二、工艺流程说明

1. 工艺说明

本流程是利用精馏方法，在脱丁烷塔中将丁烷从脱丙烷塔釜混合物中分离出来。精馏是将液体混合物部分汽化，利用其中各组分相对挥发度的不同，通过液相和气相间的质量传递来实现对混合物分离。本装置中将脱丙烷塔釜混合物部分汽化，由于丁烷的沸点较低，即其挥发度较高，故丁烷易于从液相中汽化出来，再将汽化的水蒸气冷凝，可得到丁烷组成高于原料的混合物，经过多次汽化冷凝，即可达到分离混合物中丁烷的目的。

原料为 67.8 ℃脱丙烷塔的釜液（主要有 C_4、C_5、C_6、C_7 等），由脱丁烷塔（DA-405）的第 16 块板进料（全塔共 32 块板），进料量由流量控制器 FIC101 控制。灵敏板温度由调节器 TC101 通过调节再沸器加热水蒸气的流量，来控制提馏段灵敏板温度，从而控制丁烷的分离质量。

脱丁烷塔塔釜液（主要为 C_5 以上馏分）一部分作为产品采出，一部分经再沸器（EA-418A、B）部分汽化为水蒸气从塔底上升。塔釜的液位和塔釜产品采出量由 LC101 和 FC102 组成的串级控制器控制。再沸器采用低压水蒸气加热。塔釜水蒸气缓冲罐（FA-414）液位由液位控制器 LC102 调节底部采出量控制。

塔顶的上升水蒸气（C_4馏分和少量 C_5 馏分）经塔顶冷凝器（EA-419）全部冷凝成液体，该冷凝液靠位差流入回流罐（FA-408）。塔顶压力 PC102 采用分程控制：在正常的压力波动下，通过调节塔顶冷凝器的冷却水量来调节压力，当压力超高时，压力报警系统发出报警信号，PC102 调节塔顶至回流罐的排气量来控制塔顶压力调节气相出料。操作压力 4.25 atm（表压），高压控制器 PC101 将调节回流罐的气相排放量，来控制塔内压力稳定。冷凝器以冷却水为载热体。回流罐液位由液位控制器 LC103 调节塔顶产品采出量来维持恒定。回流罐中的液体一部分作为塔顶产品送下一工序，另一部分液体由回流泵（GA-412A、B）送回塔顶作为回流，回流量由流量控制器 FC104 控制。

2. 本单元复杂控制方案说明

吸收解吸单元复杂控制回路主要是串级回路的使用，在吸收塔、解吸塔和产品罐中都使用了液位与流量串级回路。

串级回路：是在简单调节系统基础上发展起来的。在结构上，串级回路调节系统有两个闭合回路。主、副调节器串联，主调节器的输出为副调节器的给定值，系统通过副调节器的输出操纵调节阀动作，实现对主参数的定值调节。所以在串级回路调节系统中，主回路是定值调节系统，副回路是随动系统。

分程控制：就是由一只调节器的输出信号控制两只或更多的调节阀，每只调节阀在调节器的输出信号的某段范围中工作。

具体实例：

DA405 的塔釜液位控制 LC101 和塔釜出料 FC102 构成一串级回路。

FC102.SP 随 LC101.OP 的改变而变化。

PIC102 为一分程控制器，分别控制 PV102A 和 PV102B，当 PC102.OP 逐渐开大时，PV102A 从 0 逐渐开大到 100；而 PV102B 从 100 逐渐关小至 0。

3. 设备一览

DA-405：脱丁烷塔；

EA-419：塔顶冷凝器；

FA-408：塔顶回流罐；

GA-412A、B：回流泵；

EA-418A、B：塔釜再沸器；

FA-414：塔釜水蒸气缓冲罐。

三、精馏单元操作规程

（一）冷态开车操作规程

装置冷态开工状态为精馏塔单元处于常温、常压氮吹扫完毕后的氮封状态，所有阀门、机泵处于关停状态。

1. 进料过程

（1）开 FA-408 顶放空阀 PC101 排放不凝气，稍开 FIC101 调节阀（不超过 20%），向精馏塔进料。

（2）进料后，塔内温度略升，压力升高。当压力 PC101 升至 0.5 atm 时，关闭 PC101 调节阀投自动，并控制塔压不超过 4.25 atm（如果塔内压力大幅波动，改回手动调节稳定压力）。

2. 启动再沸器

（1）当压力 PC101 升至 0.5 atm 时，打开冷凝水 PC102 调节阀至 50%；塔压基本稳定在 4.25 atm 后，可加大塔进料（FIC101 开至 50%左右）。

（2）待塔釜液位 LC101 升至 20%以上时，开加热水蒸气入口阀 V13，再稍开 TC101 调节阀，给再沸器缓慢加热，并调节 TC101 阀开度使塔釜液位 LC101 维持在 40%～60%。待 FA-414 液位 LC102 升至 50%时，投自动，设定值为 50%。

3. 建立回流

随着塔进料增加和再沸器、冷凝器投用，塔压会有所升高，回流罐逐渐积液。

（1）塔压升高时，通过开大 PC102 的输出，改变塔顶冷凝器冷却水量和旁路量来控制塔压稳定。

（2）当回流罐液位 LC103 升至 20%以上时，先开回流泵 GA412A/B 的入口阀 V19，再启动泵，再开出口阀 V17，启动回流泵。

（3）通过 FC104 的阀开度控制回流量，维持回流罐液位不超高，同时逐渐关闭进料，全回流操作。

4. 调整至正常

（1）当各项操作指标趋近正常值时，打开进料阀 FIC101。

（2）逐步调整进料量 FIC101 至正常值。

（3）通过 TC101 调节再沸器加热量使灵敏板温度 TC101 达到正常值。

（4）逐步调整回流量 FC104 至正常值。

（5）开 FC103 和 FC102 出料，注意塔釜、回流罐液位。

（6）将各控制回路投自动，各参数稳定并与工艺设计值吻合后，投产品采出串级。

（二）正常操作规程

1. 正常工况下的工艺参数

（1）进料流量 FIC101 设为自动，设定值为 14 056 kg/h。

（2）塔釜采出量 FC102 设为串级，设定值为 7349 kg/h，LC101 设自动，设定值为 50%。

（3）塔顶采出量 FC103 设为串级，设定值为 6707 kg/h。

（4）塔顶回流量 FC104 设为自动，设定值为 9664 kg/h。

（5）塔顶压力 PC102 设为自动，设定值为 4.25 atm，PC101 设自动，设定值为 5.0 atm。

（6）灵敏板温度 TC101 设为自动，设定值为 89.3 ℃。

（7）FA-414 液位 LC102 设为自动，设定值为 50%。

（8）回流罐液位 LC103 设为自动，设定值为 50%。

2. 主要工艺生产指标的调整方法

（1）质量调节：本系统的质量调节采用以提馏段灵敏板温度作为主参数，以再沸器和加热水蒸气流量的调节系统，以实现对塔的分离质量控制。

（2）压力控制：在正常的压力情况下，由塔顶冷凝器的冷却水量来调节压力，当压力高于操作压力 4.25 atm（表压）时，压力报警系统发出报警信号，同时调节器

PC101 将调节回流罐的气相出料，为了保持同气相出料的相对平衡，该系统采用压力分程调节。

（3）液位调节：塔釜液位由调节塔釜的产品采出量来维持恒定，设有高低液位报警。回流罐液位由调节塔顶产品采出量来维持恒定，设有高低液位报警。

（4）流量调节：进料量和回流量都采用单回路的流量控制；再沸器加热介质流量，由灵敏板温度调节。

（三）停车操作规程

1. 降负荷

（1）逐步关小 FIC101 调节阀，降低进料至正常进料量的 70%。

（2）在降负荷过程中，保持灵敏板温度 TC101 的稳定性和塔压 PC102 的稳定，使精馏塔分离出合格产品。

（3）在降负荷过程中，尽量通过 FC103 排出回流罐中的液体产品，至回流罐液位 LC104 在 20% 左右。

（4）在降负荷过程中，尽量通过 FC102 排出塔釜产品，使 LC101 降至 30% 左右。

2. 停进料和再沸器

在负荷降至正常的 70%，且产品已大部采出后，停进料和再沸器。

（1）关 FIC101 调节阀，停精馏塔进料。

（2）关 TC101 调节阀和 V13 或 V16 阀，停再沸器的加热水蒸气。

（3）关 FC102 调节阀和 FC103 调节阀，停止产品采出。

（4）打开塔釜泄液阀 V10，排不合格产品，并控制塔釜降低液位。

（5）手动打开 LC102 调节阀，对 FA-114 泄液。

3. 停回流

（1）停进料和再沸器后，回流罐中的液体全部通过回流泵打入塔，以降低塔内温度。

（2）当回流罐液位至 0 时，关 FC104 调节阀，关泵出口阀 V17（或 V18），停泵 GA412A（或 GA412B），关入口阀 V19（或 V20），停回流。

（3）开泄液阀 V10 排净塔内液体。

4. 降压、降温

（1）打开 PC101 调节阀，将塔压降至接近常压后，关 PC101 调节阀。

（2）全塔温度降至 50 ℃ 左右时，关塔顶冷凝器的冷却水（PC102 的输出至 0）。

四、事故设置一览

1. 热蒸气压力过高

原因：热蒸气压力过高。

现象：加热水蒸气的流量增大，塔釜温度持续上升。

处理：适当减小 TC101 的阀门开度。

2. 热蒸气压力过低

原因：热蒸气压力过低。

现象：加热水蒸气的流量减小，塔釜温度持续下降。

处理：适当增大 TC101 的开度。

3. 冷凝水中断

原因：停冷凝水。

现象：塔顶温度上升，塔顶压力升高。

处理：（1）开回流罐放空阀 PC101 保压。

（2）手动关闭 FC101，停止进料。

（3）手动关闭 TC101，停加热水蒸气。

（4）手动关闭 FC103 和 FC102，停止产品采出。

（5）开塔釜排液阀 V10，排不合格产品。

（6）手动打开 LIC102，对 FA114 泄液。

（7）当回流罐液位为 0 时，关闭 FIC104。

（8）关闭回流泵出口阀 V17/V18。

（9）关闭回流泵 GA424A/GA424B。

（10）关闭回流泵入口阀 V19/V20。

（11）待塔釜液位为 0 时，关闭泄液阀 V10。

（12）待塔顶压力降为常压后，关闭冷凝器。

4. 停　电

原因：停电。

现象：回流泵 GA412A 停止，回流中断。

处理：（1）手动开回流罐放空阀 PC101 泄压。

（2）手动关进料阀 FIC101。

（3）手动关出料阀 FC102 和 FC103。

（4）手动关加热水蒸气阀 TC101。

（5）开塔釜排液阀 V10 和回流罐泄液阀 V23，排不合格产品。

（6）手动打开 LIC102，对 FA114 泄液。

（7）当回流罐液位为 0 时，关闭 V23。

（8）关闭回流泵出口阀 V17/V18。

（9）关闭回流泵 GA424A/GA424B。

（10）关闭回流泵入口阀 V19/V20。

（11）待塔釜液位为 0 时，关闭泄液阀 V10。

（12）待塔顶压力降为常压后，关闭冷凝器。

5. 回流泵故障

原因：回流泵 GA-412A 泵坏。

现象：GA-412A 断电，回流中断，塔顶压力、温度上升。

处理：（1）开备用泵入口阀 V20。

（2）启动备用泵 GA412B。

（3）开备用泵出口阀 V18。

（4）关闭运行泵出口阀 V17。

（5）停运行泵 GA412A。

（6）关闭运行泵入口阀 V19。

6. 回流控制阀 FC104 阀卡

原因：回流控制阀 FC104 阀卡。

现象：回流量减小，塔顶温度上升，压力增大。

处理：打开旁路阀 V14，保持回流。

思考题

1. 什么叫蒸馏？在化工生产中用蒸馏分离什么样的混合物？蒸馏和精馏的关系是什么？

2. 精馏的主要设备有哪些？

3. 在本单元中，如果塔顶温度、压力都超过标准，可以有几种方法将系统调节稳定？

4. 当系统在一较高负荷突然出现大的波动、不稳定，为什么要将系统降到一较低负荷的稳态，再重新开到高负荷？

5. 根据本单元的实际，结合"化工原理"讲述的原理，说明回流比的作用。

6. 若精馏塔灵敏板温度过高或过低，则意味着分离效果如何？应通过改变哪些变量来调节至正常？

7. 请分析本流程中如何通过分程控制来调节精馏塔正常操作压力的。

8. 根据本单元的实际，理解串级控制的工作原理和操作方法。

实验九　流化床反应器单元仿真

一、实验目的

（1）了解流化床反应器单元的工艺流程。

（2）掌握流化床反应器单元操作规程。

（3）了解流化床反应器常见事故的主要现象及处理方法。

二、工艺流程说明

1. 工艺说明

该流化床反应器取材于 HIMONT 工艺本体聚合装置，用于生产高抗冲击共聚物。具有剩余活性的干均聚物（聚丙烯），在压差作用下自闪蒸罐 D-301 流到该气相共聚反应器 R-401。

在气体分析仪的控制下，氢气被加到乙烯进料管道中，以改进聚合物的本征黏度，满足加工需要。

聚合物从顶部进入流化床反应器，落在流化床的床层上。流化气体（反应单体）通过一个特殊设计的栅板进入反应器。由反应器底部出口管路上的控制阀来维持聚合物的料位。聚合物料位决定了停留时间，从而决定了聚合反应的程度，为了避免过度聚合的鳞片状产物堆积在反应器壁上，反应器内配置一转速较慢的刮刀，以使反应器壁保持干净。

栅板下部夹带的聚合物细末，用一台小型旋风分离器 S401 除去，并送到下游的袋式过滤器中。

所有未反应的单体循环返回到流化压缩机的吸入口。

来自乙烯汽提塔顶部的回收气相与气相反应器出口的循环单体汇合，而补充的氢气，乙烯和丙烯加入压缩机排出口。

循环气体用工业色谱仪进行分析，调节氢气和丙烯的补充量。

然后调节补充的丙烯进料量以保证反应器的进料气体满足工艺要求的组成。

用脱盐水作为冷却介质，用一台立式列管式换热器将聚合反应热撤出。该热交换器位于循环气体压缩机之前。

共聚物的反应压力约为 1.4 MPa（表压），70 ℃。注意，该系统压力位于闪蒸罐压力和袋式过滤器压力之间，从而在整个聚合物管路中形成一定压力梯度，以避免容器间物料的返混并使聚合物向前流动。

2. 反应机理

乙烯、丙烯以及反应混合气在一定的温度（70 ℃）、一定的压力（1.35 MPa）下，通过具有剩余活性的干均聚物（聚丙烯）的引发，在流化床反应器里进行反应，同时加入氢气以改善共聚物的本征黏度，生成高抗冲击共聚物。

主要原料：乙烯，丙烯，具有剩余活性的干均聚物（聚丙烯），氢气。

主产物：高抗冲击共聚物（具有乙烯和丙烯单体的共聚物）。

副产物：无。

反应方程式：

$$n\text{C}_2\text{H}_4 + n\text{C}_3\text{H}_6 \longrightarrow [\text{C}_2\text{H}_4—\text{C}_3\text{H}_6]_n$$

3. 设备一览

A401：R401 的刮刀；

C401：R401 循环压缩机；

E401：R401 气体冷却器；

E409：夹套水加热器；

P401：开车加热泵；

R401：共聚反应器；

S401：R401 旋风分离器。

4. 参数说明

AI40111：反应产物中 H_2 的含量；

AI40121：反应产物中 C_2H_4 的含量；

AI40131：反应产物中 C_2H_6 的含量；

AI40141：反应产物中 C_3H_6 的含量；

AI40151：反应产物中 C_3H_8 的含量。

三、装置的操作规程

（一）冷态开车规程

1. 开车准备

准备工作包括：系统中用氮气充压，循环加热氮气，随后用乙烯对系统进行置换（按照实际正常的操作，用乙烯置换系统要进行两次，考虑到时间关系，只进行一次）。这一过程完成之后，系统将准备开始单体开车。

1）系统氮气充压加热

（1）充氮：打开充氮阀，用氮气给反应器系统充压，当系统压力达 0.7 MPa（表压）时，关闭充氮阀。

（2）当氮充压至 0.1 MPa（表压）时，按照正确的操作规程，启动 C401 共聚循环气体压缩机，将导流叶片（HIC402）定在 40%。

（3）环管充液：启动压缩机后，开进水阀 V4030，给水罐充液，开氮封阀 V4031。

（4）当水罐液位大于 10%时，开泵 P401 入口阀 V4032，启动泵 P401，调节泵出口阀 V4034 至 60%开度。

（5）冷却水循环流量 FI401 达到 56 t/h 左右。

（6）手动开低压水蒸气阀 HC451，启动换热器 E-409，加热循环氮气。

（7）打开循环水阀 V4035。

（8）当循环氮气温度达到 70 ℃时，TC451 投自动，调节其设定值，维持氮气温度 TC401 在 70 ℃左右。

2）氮气循环

（1）当反应系统压力达 0.7 MPa 时，关充氮阀。

（2）在不停压缩机的情况下，用 PIC402 和排放阀给反应系统泄压至 0.0 MPa（表压）。

（3）在充氮泄压操作中，不断调节 TC451 设定值，维持 TC401 温度在 70 ℃左右。

3）乙烯充压

（1）当系统压力降至 0.0 MPa（表压）时，关闭排放阀。

（2）由 FC403 开始乙烯进料，乙烯进料量设定在 567.0kg/h 时投自动调节，乙烯使系统压力充至 0.25MPa（表压）。

2. 干态运行开车

本规程旨在聚合物进入之前，共聚集反应系统具备合适的单体浓度，另外通过该步骤也可以在实际工艺条件下，预先对仪表进行操作和调节。

1）反应进料

（1）当乙烯充压至 0.25 MPa（表压）时，启动氢气的进料阀 FC402，氢气进料设定在 0.102 kg/h，FC402 投自动控制。

（2）当系统压力升至 0.5 MPa（表压）时，启动丙烯进料阀 FC404，丙烯进料设定在 400 kg/h，FC404 投自动控制。

（3）打开自乙烯汽提塔来的进料阀 V4010。

（4）当系统压力升至 0.8 MPa（表压）时，打开旋风分离器 S-401 底部阀 HC403 至 20%开度，维持系统压力缓慢上升。

2）准备接收 D301 来的均聚物

（1）再次加入丙烯，将 FIC404 改为手动，调节 FV404 为 85%。

（2）当 AC402 和 AC403 平稳后，调节 HC403 开度至 25%。

（3）启动共聚反应器的刮刀，准备接收从闪蒸罐（D-301）来的均聚物。

3. 共聚反应物的开车

（1）确认系统温度 TC451 维持在 70 ℃ 左右。

（2）当系统压力升至 1.2 MPa（表压）时，开大 HC403 开度在 40% 和 LV401 在 20% ~ 25%，以维持流态化。

（3）打开来自 D-301 的聚合物进料阀。

（4）停低压加热水蒸气，关闭 HV451。

4. 稳定状态的过渡

1）反应器的液位

（1）随着 R401 料位的增加，系统温度将升高，及时降低 TC451 的设定值，不断取走反应热，维持 TC401 温度在 70 ℃ 左右。

（2）调节反应系统压力在 1.35 MPa（表压）时，PC402 自动控制。

（3）手动开启 LV401 至 30%，让共聚物稳定地流过此阀。

（4）当液位达到 60% 时，将 LC401 设置投自动。

（5）随系统压力的增加，料位将缓慢下降，PC402 调节阀自动开大，为了维持系统压力在 1.35 MPa，缓慢提高 PC402 的设定值至 1.40 MPa（表压）。

（6）当 LC401 在 60% 投自动控制后，调节 TC451 的设定值，待 TC401 稳定在 70 ℃ 左右时，TC401 与 TC451 串级控制。

2）反应器压力和气相组成控制

（1）压力和组成趋于稳定时，将 LC401 和 PC403 投串级。

（2）FC404 和 AC403 串级联结。

（3）FC402 和 AC402 串级联结。

（二）正常操作规程

正常工况下的工艺参数：

（1）FC402：调节氢气进料量（与 AC402 串级）：0.35 kg/h。

（2）FC403：单回路调节乙烯进料量：567.0 kg/h。

（3）FC404：调节丙烯进料量（与 AC403 串级）：400.0 kg/h。

（4）PC402：单回路调节系统压力：1.4 MPa。

（5）PC403：主回路调节系统压力：1.35 MPa。

（6）LC401：反应器料位（与 PC403 串级）：60%。

（7）TC401：主回路调节循环气体温度：70℃。

（8）TC451：分程调节取走反应热量（与 TC401 串级）：50 ℃。

（9）AC402：主回路调节反应产物中 H_2/C_2 之比：0.18。

（10）AC403：主回路调节反应产物中 $C_2/C_3\&C_2$ 之比：0.38。

（三）停车操作规程

正常停车：

1. 降反应器料位

（1）关闭催化剂来料阀 TMP20。

（2）手动缓慢调节反应器料位。

2. 关闭乙烯进料，保压

（1）当反应器料位降至 10%，关乙烯进料。

（2）当反应器料位降至 0%，关反应器出口阀。

（3）关旋风分离器 S-401 上的出口阀。

3. 关丙烯及氢气进料

（1）手动切断丙烯进料阀。

（2）手动切断氢气进料阀。

（3）排放导压至火炬。

（4）停反应器刮刀 A401。

4. 氮气吹扫

（1）将氮气加入该系统。

（2）当压力达 0.35 MPa 时放火炬。

（3）停压缩机 C-401。

四、事故设置一览

1. 泵 P401 停

原因：运行泵 P401 停。

现象：温度调节器 TC451 急剧上升，然后 TC401 随之升高。

处理：（1）调节丙烯进料阀 FV404，增加丙烯进料量。

（2）调节压力调节器 PC402，维持系统压力。

（3）调节乙烯进料阀 FV403，维持 C_2/C_3 比。

2. 压缩机 C-401 停

原因：压缩机 C-401 停。

现象：系统压力急剧上升。

处理：（1）关闭催化剂来料阀 TMP20。

（2）手动调节 PC402，维持系统压力。

（3）手动调节 LC401，维持反应器料位。

3. 丙烯进料停

原因：丙烯进料阀卡。

现象：丙烯进料量为 0.0。

处理：（1）手动关小乙烯进料量，维持 C_2/C_3 比。

（2）关催化剂来料阀 TMP20。

（3）手动关小 PV402，维持压力。

（4）手动关小 LC401，维持料位。

4. 乙烯进料停

原因：乙烯进料阀卡。

现象：乙烯进料量为 0.0。

处理：（1）手动关丙烯进料，维持 C_2/C_3 比。

（2）手动关小氢气进料，维持 H_2/C_2 比。

5. D301 供料停

原因：D301 供料阀 TMP20 关。

现象：D301 供料停止。

处理：（1）手动关闭 LV401。

（2）手动关小丙烯和乙烯进料。

（3）手动调节压力。

思考题

1. 在开车及运行过程中，为什么一直要保持氮封？

2. 熔融指数（MFR）表示什么？氢气在共聚过程中起什么作用？试描述 AC402 指示值与 MFR 的关系？

3. 气相共聚反应的温度为什么绝对不能偏离所规定的温度？

4. 气相共聚反应的停留时间是如何控制的？

5. 气相共聚反应器的流态化是如何形成的？

6. 冷态开车时，为什么要首先进行系统氮气充压加热？

7. 什么叫流化床？与固定床比有什么特点？

8. 请解释以下概念：共聚、均聚、气相聚合、本体聚合。

9. 请简述本培训单元所选流程的反应机理。

实验十　间歇反应釜单元仿真

一、实验目的

（1）了解间歇反应釜单元的工艺流程。

（2）掌握间歇反应釜单元操作规程。

（3）了解间歇反应釜常见事故的主要现象及处理方法。

二、工艺流程简述

1. 工艺说明

间歇反应在助剂、制药、染料等行业的生产过程中很常见。本工艺过程的产品（2-巯基苯并噻唑）就是橡胶制品硫化促进剂 DM（2, 2-二硫代苯并噻唑）的中间产品，它本身也是硫化促进剂，但活性不如 DM。

全流程的缩合反应包括备料工序和缩合工序。考虑到突出重点，将备料工序略去。则缩合工序共有三种原料，多硫化钠（Na_2S_n）、邻硝基氯苯（$C_6H_4ClNO_2$）及二硫化碳（CS_2）。

主反应如下：

$$2C_6H_4ClNO_2 + Na_2S_n \longrightarrow C_{12}H_8N_2S_2O_4 + 2NaCl + (n-2)S\downarrow$$

$$C_{12}H_8N_2S_2O_4 + 2CS_2 + 2H_2O + 3Na_2S_n \longrightarrow 2C_7H_4NS_2Na + 2H_2S\uparrow + 3Na_2S_2O_3 + (3n+4)S\downarrow$$

副反应如下：

$$C_6H_4ClNO_2 + Na_2S_n + H_2O \longrightarrow C_6H_6NCl + Na_2S_2O_3 + S\downarrow$$

工艺流程如下：

来自备料工序的 CS_2、$C_6H_4ClNO_2$、Na_2S_n 分别注入计量罐及沉淀罐中，经计量沉淀后利用位差及离心泵压入反应釜中，釜温由夹套中的水蒸气、冷却水及蛇管中的冷却水控制，设有分程控制 TIC101（只控制冷却水），通过控制反应釜温来控制反应速率及副反应速率，来获得较高的收率及确保反应过程安全。

在本工艺流程中，主反应的活化能比副反应的活化能高，因此升温后更利于反应收率。在 90 ℃的时候，主反应和副反应的速率比较接近，因此，要尽量延长反应温度在 90 ℃以上的时间，以获得更多的主反应产物。

2. 设备一览

R01：间歇反应釜；

VX01：CS_2 计量罐；

VX02：邻硝基氯苯计量罐；

VX03：Na_2S_n 沉淀罐；

PUMP1：离心泵。

三、间歇反应器单元操作规程

（一）开车操作规程

装置开工状态为各计量罐、反应釜、沉淀罐处于常温、常压状态，各种物料均已备好，大部阀门、机泵处于关停状态（除水蒸气联锁阀外）。

1. 备料过程

（1）向沉淀罐 VX03 进料（Na_2S_n）。

① 开阀门 V9，向罐 VX03 充液。

② VX03 液位接近 3.60 m 时关小 V9，至 3.60 m 时关闭 V9。

③ 静置 4 min（实际 4 h）备用。

（2）向计量罐 VX01 进料（CS_2）。

① 开放空阀门 V2。

② 开溢流阀门 V3。

③ 开进料阀 V1，开度约为 50%，向罐 VX01 充液。液位接近 1.4 m 时，可关小 V1。

④ 溢流标志变绿后，迅速关闭 V1。

⑤ 待溢流标志再度变红后，可关闭溢流阀 V3。

（3）向计量罐 VX02 进料（邻硝基氯苯）。

① 开放空阀门 V6。

② 开溢流阀门 V7。

③ 开进料阀 V5，开度约为 50%，向罐 VX01 充液。液位接近 1.2 m 时，可关小 V5。

④ 溢流标志变绿后，迅速关闭 V5。

⑤ 待溢流标志再度变红后，可关闭溢流阀 V7。

2. 进　料

（1）微开放空阀 V12，准备进料。

（2）从 VX03 中向反应器 RX01 中进料（Na_2S_n）。

① 打开泵前阀 V10，向进料泵 PUM1 中充液。

② 打开进料泵 PUM1。

③ 打开泵后阀 V11，向 RX01 中进料。

④ 至液位小于 0.1 m 时停止进料，关泵后阀 V11。

⑤ 关泵 PUM1。

⑥ 关泵前阀 V10。

（3）从 VX01 中向反应器 RX01 中进料（CS$_2$）。

① 检查放空阀 V2 开放。

② 打开进料阀 V4 向 RX01 中进料。

③ 待进料完毕后关闭 V4。

（4）从 VX02 中向反应器 RX01 中进料（邻硝基氯苯）。

① 检查放空阀 V6 开放。

② 打开进料阀 V8 向 RX01 中进料。

③ 待进料完毕后关闭 V8。

（5）进料完毕后关闭放空阀 V12。

3. 开车阶段

（1）检查放空阀 V12，进料阀 V4、V8、V11 是否关闭。打开联锁控制。

（2）开启反应釜搅拌电机 M1。

（3）适当打开夹套水蒸气加热阀 V19，观察反应釜内温度和压力上升情况，保持适当的升温速度。

（4）控制反应温度直至反应结束。

4. 反应过程控制

（1）当温度升至 55～65 ℃时关闭 V19，停止通水蒸气加热。

（2）当温度升至 70～80 ℃时微开 TIC101（冷却水阀 V22、V23），控制升温速度。

（3）当温度升至 110 ℃以上时，是反应剧烈的阶段，应小心加以控制，防止超温。当温度难以控制时，打开高压水阀 V20，并可关闭搅拌器 M1 以使反应降速。当压力过高时，可微开放空阀 V12 以降低气压，但放空会使 CS$_2$ 损失，污染大气。

（4）反应温度大于 128 ℃时，相当于压力超过 8 atm，已处于事故状态，如联锁开关处于 "on" 的状态，联锁起动（开高压冷却水阀，关搅拌器，关加热水蒸气阀）。

（5）压力超过 15 atm（相当于温度大于 160 ℃），反应釜安全阀作用。

（二）热态开车操作规程

1. 反应中要求的工艺参数

（1）反应釜中压力不大于 8 atm。

（2）冷却水出口温度不小于 60 ℃，如小于 60 ℃易使硫在反应釜壁和蛇管表面结晶，使传热不畅。

2. 主要工艺生产指标的调整方法

（1）温度调节：操作过程中以温度为主要调节对象，以压力为辅助调节对象。升温慢会引起副反应速率大于主反应速率的时间段过长，因而引起反应的产率低。升温快则容易反应失控。

（2）压力调节：压力调节主要是通过调节温度实现的，但在超温的时候可以微开放空阀，使压力降低，以达到安全生产的目的。

（3）收率：由于在 90 ℃以下时，副反应速率大于正反应速率，因此在安全的前提下快速升温是收率高的保证。

（三）停车操作规程

在冷却水量很小的情况下，反应釜的温度下降仍较快，则说明反应接近尾声，可以进行停车出料操作了。

（1）打开放空阀 V12 5～10 s，放掉釜内残存的可燃气体。关闭 V12。

（2）向釜内通增压水蒸气。

① 打开水蒸气总阀 V15。

② 打开水蒸气加压阀 V13 给釜内升压，使釜内气压高于 4 atm。

（3）打开水蒸气预热阀 V14 片刻。

（4）打开出料阀门 V16 出料。

（5）出料完毕后保持开 V16 约 10 s 进行吹扫。

（6）关闭出料阀 V16（尽快关闭，超过 1 min 不关闭将不能得分）。

（7）关闭水蒸气阀 V15。

四、事故设置一览

1. 超温（压）事故

原因：反应釜超温（超压）。

现象：温度大于 128 ℃（气压大于 8 atm）。

处理：（1）开大冷却水，打开高压冷却水阀 V20。

（2）关闭搅拌器 PUM1，使反应速率下降。

（3）如果气压超过 12 atm，打开放空阀 V12。

2. 搅拌器 M1 停转

原因：搅拌器坏。

现象：反应速率逐渐下降为低值，产物浓度变化缓慢。

处理：停止操作，出料维修。

3. 冷却水阀 V22、V23 卡住（堵塞）

原因：蛇管冷却水阀 V22 卡。

现象：开大冷却水阀对控制反应釜温度无作用，且出口温度稳步上升。

处理：开冷却水旁路阀 V17 调节。

4. 出料管堵塞

原因：出料管硫黄结晶，堵住出料管。

现象：出料时，内气压较高，但釜内液位下降很慢。

处理：（1）开出料预热水蒸气阀 V14 吹扫 5 min 以上（仿真中采用）。

（2）拆下出料管用火烧化硫黄，或更换管段及阀门。

5. 测温电阻连线故障

原因：测温电阻连线断。

现象：温度显示置零。

处理：（1）改用压力显示对反应进行调节（调节冷却水用量）。

（2）升温至压力为 0.3 ~ 0.75 atm 就停止加热。

（3）升温至压力为 1.0 ~ 1.6 atm 开始通冷却水。

（4）压力为 3.5 ~ 4 atm 甚至以上为反应剧烈阶段。

（5）反应压力大于 7 atm，相当于温度大于 128 ℃，处于故障状态。

（6）反应压力大于 10 atm，反应器联锁起动。

（7）反应压力大于 15 atm，反应器安全阀起动。

（以上压力为表压）

思考题

1. 试列举间歇反应釜目前主要用于哪些工业工艺中。

2. 简述热态开车操作的主要规程。

3. 超温（压）事故主要原因是什么？有哪些现象？怎样处理？

实验十一　锅炉单元操作

一、实验目的

（1）了解锅炉单元的工艺流程。

（2）掌握锅炉单元操作规程。

（3）了解锅炉单元常见事故的主要原因、现象及处理方法。

二、工艺流程简述

1. 工艺过程说明

基于燃料（燃料油、燃料气）与空气按一定比例混合即发生燃烧而产生高温火焰并放出大量热量的原理，锅炉主要是通过燃烧后辐射段的火焰和高温烟气对水冷壁的锅炉给水进行加热，使锅炉给水变成饱和水而进入汽包进行气水分离。而从辐射室出来进入对流段的烟气仍具有很高的温度，再通过对流室对来自于汽包的饱和水蒸气进行加热即产生过热水蒸气。

本软件为每小时产生 65 t 过热水蒸气锅炉仿真培训而设计。锅炉的主要用途是提供中压水蒸气及消除催化裂化装置再生的 CO 废气对大气的污染，回收催化装置再生的废气的热能。

主要设备为 WGZ65/39-6 型锅炉，采用自然循环，双汽包结构。锅炉主体由省煤器、上汽包、对流管束、下汽包、下降管、水冷壁、过热器、表面式减温器、联箱组成。省煤器的主要作用是预热锅炉给水，降低排烟温度，提高锅炉热效率。上汽包的主要作用是汽水分离，连接受热面构成正常循环。水冷壁的主要作用是吸收炉膛辐射热。过热器分低温段、高温段过热器，其主要作用是使饱和水蒸气变成过热水蒸气。减温器的主要作用是微调过热水蒸气的温度（调整范围 10～33 ℃）。

锅炉设有一套完整的燃烧设备，可以适应燃料气、燃料油、液态烃等多种燃料。根据不同蒸气压力既可单独烧一种燃料，也可以多种燃料混烧，还可以分别和 CO 废气混烧。本软件为燃料气、燃料油、液态烃与 CO 废气混烧仿真。

除氧器通过水位调节器 LIC101 接受外界来水经热力除氧后，一部分经低压水泵 P102 供全厂各车间，另一部分经高压水泵 P101 供锅炉用水，除氧器压力由 PIC101 单回路控制。锅炉给水一部分经减温器回水至省煤器；另一部分直接进入省煤器，两路给水调节阀通过过热水蒸气温度调节器 TIC101 分程控制，被烟气回热至 256 ℃饱和水进入上汽包，再经对流管束至下汽包，再通过下降管进入锅炉水冷壁，吸收炉膛辐射热使其在水冷壁里变成汽水混合物，然后进入上汽包进行汽水分离。锅炉总给水量由上汽包液位调节器 LIC102 单回路控制。

256 ℃的饱和水蒸气经过低温段过热器（通过烟气换热）、减温器（锅炉给水减温）、高温段过热器（通过烟气换热），变成 447 ℃、3.77 MPa 的过热水蒸气供给全厂用户。

燃料气包括高压瓦斯气和液态烃，分别通过压力控制器 PIC104 和 PIC103 单回路控制进入高压瓦斯罐 V-101，高压瓦斯罐顶气通过过热蒸气压力控制器 PIC102 单回路控制进入 6 个点火枪；燃料油经燃料油泵 P105 升压进入 6 个点火枪进料燃烧室。

燃烧所用空气通过鼓风机 P104 增压进入燃烧室。CO 烟气系统由催化裂化再生器产生，温度为 500 ℃，经过水封罐进入锅炉，燃烧放热后再排至烟囱。

锅炉排污系统包括连排系统和定排系统，用来保持水蒸气品质。

名词解释：

（1）汽水系统：汽水系统即"锅"，它的任务是吸收燃料燃烧放出的热量，使水蒸气蒸发最后成为规定压力和温度的过热水蒸气。它由（上下）汽包、对流管束、下降管、（上下）联箱、水冷壁、过热器、减温器和省煤器组成。

① 汽包：装在锅炉的上部，包括上下两个汽包，它们是圆筒形的受压容器，它们之间通过对流管束连接。上汽包的下部是水，上部是水蒸气，它受省煤器的来水，并依靠重力的作用将水经过对流管束送入下汽包。

② 对流管束：由多根细管组成，将上下汽包连接起来。上汽包中的水经过对流管束流入下汽包，其间要吸收炉膛放出的大量热。

③ 下降管：它是水冷壁的供水管，即汽包中的水流入下降管并通过水冷壁下的联箱均匀地分配到水冷壁的管中。

④ 水冷壁：是布置在燃烧室内四周墙上的许多平行的管子。它主要的作用是吸收燃烧室中的辐射热，使管内的水汽化，水蒸气就是在水冷壁中产生的。

⑤ 过热器：过热器的作用是利用烟气的热量将饱和的水蒸气加热成一定温度的过热水蒸气。

⑥ 减温器：在锅炉的运行过程中，由于很多因素使过热水蒸气加热温度发生变化，而为用户提供的水蒸气温度保持在一定范围内，为此必须装设汽温调节设备。其原理是接受冷量，将过热水蒸气温度降低。本单元中，一部分锅炉给水先经过减温器调节过热水蒸气温度后再进入上汽包。本单元的减温器为多根细管装在一个筒体中的表面式减温器。

⑦ 省煤器：装在锅炉尾部的垂直烟道中。它利用烟气的热量来加热给水，以提高给水温度，降低排烟温度，节省燃料。

⑧ 联箱：本单元采用的是圆形联箱，它实际为直径较大，两端封闭的圆管，用来连接管子，起着汇集、混合和分配水汽的作用。

（2）燃烧系统：燃烧系统即"炉"，它的任务是使燃料在炉中更好地燃烧。本单元的燃烧系统由炉膛和燃烧器组成。

补充说明（单元的液位指示说明）：

（1）在脱氧罐 DW101 中，在液位指示计的 0 点下面，还有一段空间，故开始进料后不会马上有液位指示。

（2）在锅炉上汽包中同样是在液位指示计的起测点下面，还有一段空间，故开始进料后不会马上有液位指示。同时上汽包中的液位指示计较特殊，其起测点的值为 -300 mm，上限为 300 mm，正常液位为 0 mm，整个测量范围为 600 mm。

2. 本单元复杂控制回路说明

TIC101：锅炉给水一部分经减温器回水至省煤器，一部分直接进入省煤器，通过控制两路水的流量来控制上水包的进水温度，两股流量由一分程调节器 TIC101 控制。当 TIC101 的输出为 0 时，直接进入省煤器的一路为全开，经减温器回水至省煤器一路为 0；当 TIC101 的输出为 100 时，直接进入省煤器的一路为 0，经减温器回水至省煤器一路为全开。锅炉上水的总量只受上汽包液位调节器 LIC102 单回路控制。

分程控制：就是由一只调节器的输出信号控制两只或更多的调节阀，每只调节阀在调节器的输出信号的某段范围中工作。

3. 设备一览

B101：锅炉主体；

V101：高压瓦斯罐；

DW101：除氧器；

P101：高压水泵；

P102：低压水泵；

P103：Na_2HPO_4 加药泵；

P104：鼓风机；

P105：燃料油泵。

三、装置的操作规程

（一）冷态开车操作规程

本操作规程仅供参考，详细操作以评分系统为准。

本装置的开车状态为所有设备均经过吹扫试压，压力为常压，温度为环境温度，所有可操作阀均处于关闭状态。

1. 启动公用工程

启动"公用工程"按钮，使所有公用工程均处于待用状态。

2. 除氧器投运

（1）手动打开液位调节器 LIC101，向除氧器充水，使液位指示达到 400 mm；将调节器 LIC101 投自动（给定值设为 400 mm）。

（2）手动打开压力调节器 PIC101，送除氧水蒸气，打开除氧器再沸腾阀 B08，向 DW101 通一段时间水蒸气后关闭。

（3）除氧器压力升至 2000 mmH$_2$O 时，将压力调节器 PIC101 投自动（给定值设为 2000 mmH$_2$O）。

3. 锅炉上水

（1）确认省煤器与下汽包之间的再循环阀关闭（B10），打开上汽包液位计汽阀 D30 和水阀 D31。

（2）确认省煤器给水调节阀 TIC101 全关。

（3）开启高压泵 P101。

（4）通过高压泵循环阀（D06）调整泵出口压力约为 5.0 MPa。

（5）缓开给水调节阀的小旁路阀（D25），手控上水。（注意上水流量不得大于 10 t/h，请注意上水时间较长，在实际教学中，可加大进水量，加快操作速度）。

（6）待水位升至-50 mm，关入口水调节阀旁路阀（D25）。

（7）开启省煤器和下汽包之间的再循环阀（B10）。

（8）打开上汽包液位调节阀 LV102。

（9）小心调节 LV102 阀使上汽包液位控制在 0 mm 左右，投自动。

4. 燃料系统投运

（1）将高压瓦斯压力调节器 PIC104 置手动，手控高压瓦斯调节阀使压力达到 0.3（MPa）。给定值设 0.3（MPa）后投自动。

（2）将液态烃压力调节器 PIC103 给定值设为 0.3（MPa）投自动。

（3）依次开喷射器高压入口阀（B17），喷射器出口阀（B19），喷射器低压入口阀（B18）。

（4）开火嘴水蒸气吹扫阀（B07），2 min 后关闭。

（5）开启燃料油泵（P105），燃料油泵出口阀（D07），回油阀（D13）。

（6）关烟气大水封进水阀（D28），开大水封放水阀（D44），将大水封中的水排空。

（7）开小水封上水阀（D29），为导入 CO 烟气做准备。

5. 锅炉点火

（1）全开上汽包放空阀（D26）及过热器排空阀（D27）和过热器疏水阀（D04），全开过热水蒸气对空排气阀（D12）。

（2）炉膛送气。全开风机入口挡板（D01）和烟道挡板（D05）。

（3）开启风机（P104）通风 5 min，使炉膛不含可燃气体。

（4）将烟道挡板调至 20%左右。

（5）将 1、2、3 号燃气火嘴点燃。先开点火器，后开炉前根部阀。

（6）置过热蒸气压力调节器（PIC102）为手动，按锅炉升压要求，手动控制升压速度。

（7）将 4、5、6 号燃气火嘴点燃。

6. 锅炉升压

冷态锅炉由点火达到并汽条件，时间应严格控制不得小于 3~4 h，升压应缓慢平稳。在仿真器上为了提高培训效率，缩短为半小时左右。此间严禁关小过热器疏水阀（D04）和对空排气阀（D12），赶火升压，以免过热器管壁温度急剧上升和对流管束胀口渗水等现象发生。

（1）开加药泵 P103，加 Na_2HPO_4。

（2）压力在 0.7~0.8 MPa 时，根据止水量估计排空水蒸气量。关小减温器、上汽包排空阀。

（3）过热水蒸气温度达 400 ℃时投入减温器（按分程控制原理，调整调节器的输出为 0 时，减温器调节阀开度为 0%，省煤器给水调节阀开度为 100%。输出为 50%，两阀各开 50%，输出为 100%，减温器调节阀开度 100%，省煤器给水调节阀开度 0%）。

（4）压力升至 3.6 MPa 后，保持此压力达到平稳后，准备锅炉并汽。

7. 锅炉并汽

（1）确认蒸气压力稳定，且为 3.62~3.67 MPa，水蒸气温度不低于 420 ℃，上汽包水位为 0 mm 左右，准备并汽。

（2）在并汽过程中，调整过热蒸气压力低于母管压力 0.10~0.15 MPa。

（3）缓开主汽阀旁路阀（D15）。

（4）缓开隔离阀旁路阀（D16）。

（5）开主汽阀（D17）约 20%。

（6）缓慢开启隔离阀（D02），压力平衡后全开隔离阀。

（7）缓慢关闭隔离阀旁路阀 D16。此时若压力趋于升高或下降，通过过热蒸气压力调节器手动调整。

（8）缓关主汽阀旁路阀，注意压力变化。若压力趋于升高或下降，通过过热蒸气压力调节器手动调整。

（9）将过热蒸气压力调整节器给定值设为 3.77 MPa，手调蒸气压力达到 3.77 MPa后投自动。

（10）缓慢关闭疏水阀（D04）。

（11）缓慢关闭排空阀（D12）。

（12）缓慢关闭过热器放空阀（D27）

（13）关省煤器与下汽包之间再循环阀（B10）。

8. 锅炉负荷提升

（1）将减温调节器给定值为 447 ℃，手调水蒸气温度达到后投自动。

（2）逐渐开大主汽阀 D17，使负荷升至 20 t/h。

（3）缓慢手调主汽阀提升负荷（注意操作的平稳度，提升速度每分钟不超过 3~

5 t/h，同时要注意加大进水量及加热量），使水蒸气负荷缓慢提升到 65 t/h 左右。

（4）打开燃油泵至 1 号火嘴阀 B11，燃油泵至 2 号火嘴阀 B12，同时调节燃油出口法和主气阀使压力 PIC102 稳定

（5）开除尘阀 B32，进行钢珠除尘，完成负荷提升。

9. 催化裂化除氧水流量提升

（1）启动低压水泵（P102）。

（2）适当开启低压水泵出口再循环阀（D08），调节泵出口压力。

（3）渐开低压水泵出口阀（D10），使去催化的除氧水流量为 100 t/h 左右。

（二）正常操作规程

1. 正常工况下工艺参数

（1）FI105：水蒸气负荷正常控制值为 65 t/h。

（2）TIC101：过热水蒸气温度投自动，设定值为 447 ℃。

（3）LIC102：上汽包水位投自动，设定值为 0.0 mm。

（4）PIC102：过热蒸气压力投自动，设定值为 3.77 MPa。

（5）PI101：给水压力正常控制值为 5.0 MPa。

（6）PI105：炉膛压力正常控制值为小于 200 mmH_2O。

（7）TI104：油气与 CO 烟气混烧 200 ℃，最高 250 ℃；

油气混烧排烟温度控制值小于 180 ℃。

（8）POXYGEN：烟道气氧含量：0.9% ~ 3.0%。

（9）PIC104：燃料气压力投自动，设定值为 0.30 MPa。

（10）PIC101：除氧器压力投自动，设定值为 2000 mmH_2O。

（11）LIC101：除氧器液位投自动，设定值为 400 mmH_2O。

2. 正常工况操作要点

（1）在正常运行中，不允许中断锅炉给水。

（2）当给水自动调节投入运行时，仍须经常监视锅炉水位的变化。保持给水量变化平稳，避免调整幅度过大或过急，要经常对照给水流量与水蒸气流量是否相符。若给水自动调整失灵，应改为手动调整给水。

（3）在运行中应经常监视给水压力和给水温度的变化。通过高压泵循环阀调整给水压力；通过除氧器压力间接调整给水温度。

（4）汽包水位计每班冲洗一次，冲洗步骤：

①开放水阀，冲洗汽、水管和玻璃管。

②关水阀，冲洗汽管及玻璃管。

③开水阀，关汽阀，冲洗水管。

④开汽阀，关放水阀，恢复水位计运行（关放水阀时，水位计中的水位应很快上

升，有轻微波动）。

（5）冲洗水位计时的安全注意事项

① 冲洗水位计时要注意人身安全，穿戴好劳动保护用具，要背向水位计，以免玻璃管爆裂伤人。

② 关闭放水阀时要缓慢，因为此时，水流量突然截断，压力会瞬时升高，容易使玻璃管爆裂。

③ 防止工具、汗水等碰击玻璃管，以防爆裂。

3. 气压和气温的调整

（1）为确保锅炉燃烧稳定及水循环正常，锅炉蒸发量不应低于 40 t/h。

（2）增减负荷时，应及时调整锅炉蒸发量，尽快适应系统的需要。

（3）在下列条件下，应特别注意调整。

① 负荷变支大或发生事故时。

② 锅炉刚并汽增加负荷或低负荷运行时。

③ 启停燃料油泵或油系统在操作时。

④ 投入或解列油关时。

⑤ CO 烟气系统投运和停运时。

⑥ 燃料油投运和停运时。

⑦ 各种燃料阀切换时。

⑧ 停炉前减负荷或炉间过渡负荷时。

（4）手动调整减温水量时，不应猛增猛减。

（5）锅炉低负荷时，酌情减少减温水量或停止使用减温器。

4. 锅炉燃烧的调整

（1）在运行中，应根据锅炉负荷合理地调整风量，在保证燃烧良好的条件下，尽量降低过剩空气系数，降低锅炉电耗。

（2）在运行中，应根据负荷情况，采用"多油枪，小油嘴"的运行方式，力求各油枪喷油均匀，压力在 1.5 MPa 以上，投入油枪左、右、上、下对称。

（3）在锅炉负荷变化时，应及时调整油量和风量，保持锅炉的汽压和汽温稳定。在增加负荷时，先加风后加油；在减负荷时，先减油后减风。

（4）CO 烟气投入前，要烧油或瓦斯，使炉膛温度提高到 900 ℃以上或锅炉负荷为 25 t/h 以上，燃烧稳定，各部温度正常，并报告厂调与一联合联系，当 CO 烟气达到规定指标时，方可投入。

（5）在投入 CO 烟气时，应慢慢增加 CO 烟气量，CO 烟气进炉控制蝶阀后压力比炉膛压力高 30 mmH$_2$O，保持 30 min，而后再加大 CO 烟气量，使水封罐等均匀预热。

（6）凡停烧 CO 烟气时应注意加大其他燃料量，保持原负荷。在停用 CO 烟气后，水封罐上水，以免急剧冷却造成水封罐内层钢板和衬筒严重变形或焊口裂开。

5. 锅炉排污

（1）定期排污在负荷平稳高水位情况下进行。事故处理或负荷有较大波动时，严禁排污。若引起代水位报警时，连续排污也应暂时关闭。

（2）每一定排回路的排污持续时间，排污阀全开到全关时间不准超过半分钟，不准同时开启两个或更多的排污阀门。

（3）排污前，应做好联系；排污时，应注意监视给水压力和水位变化，维持正常水位；排污后，应进行全面检查确认各排污门关闭严密。

（4）不允许两台或两台以上的锅炉同时排污。

（5）在排污过程中，如果锅炉发生事故，应立即停止排污。

6. 钢珠除灰

（1）锅炉尾部受热面应定期除尘：当燃 CO 烟气时，每天除尘一次，在后夜进行；不烧 CO 烟气时，每星期一后夜班进行一次；停烧 CO 烟气时，增加除尘一次。若排烟温度不正常升高，适当增加除尘次数，每次 3.0 min。

（2）钢珠除灰前，应做好联系。吹灰时，应保持锅炉运行正常，燃烧稳定，并注意汽温、汽压变化。

7. 自动装置运行

（1）锅炉运行时，应将自动装置投放运行，投入自动装置应同时具备下列条件：

① 自动装置的调节机构完整好用。

② 锅炉运行平稳，参数正常。

③ 锅炉蒸发量在 30 t/h 以上。

（2）自动装置投入运行时，仍须监视锅炉运行参数的变化，并注意自动装置的动作情况，避免因失灵导致不良后果。

（3）遇到下列情况，解列自动装置，改自动为手动操作：

① 当汽包水位变化过大，超出其允许变化范围时。

② 锅炉运行不正常，自动装置不维持其运行参数在允许范围内变化或自动失灵时，应解列有关自动装置。

③ 外部事故，使锅炉负荷波动较大时。

④ 外部负荷变动过大，自动调节跟踪不及时。

⑤ 调节系统有问题。

（三）正常停车操作规程

本操作规程仅供参考，详细操作以评分系统为准。

停车前应做的工作：（1）彻底排灰（开除尘阀 B32）。

（2）冲洗水位计一次。

1. 锅炉负荷降量

（1）停开加药泵 P103。

（2）缓慢开大减温器开度，使水蒸气温度缓慢下降。

（3）缓慢关小主汽阀 D17，降低锅炉水蒸气负荷。

（4）打开疏水阀 D04。

2. 关闭燃料系统

（1）逐渐关闭 D03 停用 CO 烟气，大小水封上水。

（2）缓慢关闭燃料油泵出口阀 D07。

（3）关闭燃料油后，关闭燃料油泵 P105。

（4）停燃料系统后，打开 D07 对火嘴进行吹扫。

（5）缓慢关闭高压瓦斯压力调节阀 PV104 及液态烃压力调节阀 PV103。

（6）缓慢关闭过热蒸气压力调节阀 PV102。

（7）停燃料系统后，逐渐关闭主水蒸气阀门 D17。

（8）同时开启主水蒸气阀前疏水阀，尽量控制炉内压力，使其平缓下降。

（9）关闭隔离阀 D02。

（10）关闭连续排污阀 D09，并确认定期排污阀 D46 已关闭。

（11）关引风机挡板 D01，停鼓风机 P104，关闭烟道挡板 D05。

（12）关闭烟道挡板后，打开 D28 给大水封上水。

3. 停上汽包上水

（1）关闭除氧器液位调节阀 LV102。

（2）关闭除氧器加热蒸气压力调节阀 PV101。

（3）关闭低压水泵 P102。

（4）待过热蒸气压力小于 0.1 atm 后，打开 D27 和 D26。

（5）待炉膛温度降为 100 ℃后，关闭高压水泵 P101。

4. 泄　液

（1）除氧器温度（TI105）降至 80 ℃后，打开 D41 泄液。

（2）炉膛温度（TI101）降至 80 ℃后，打开 D43 泄液。

（3）开启鼓风机入口挡板 D01、鼓风机 P104 和烟道挡板 D05 对炉膛进行吹扫，然后关闭。

四、事故设置一览

1. 锅炉满水

现象：水位计液位指示突然超过可见水位上限（+300 mm），由于自动调节，给水量减少。

原因：水位计没有注意维护，暂时失灵后正常。

排除方法：紧急停炉。

2. 锅炉缺水

现象：锅炉水位逐渐下降。

原因：给水泵出口的给水调节阀阀杆卡住，流量小。

排除方法：打开给水阀的大、小旁路手动控制给水。

3. 对流管坏

现象：水位下降，蒸气压下降，给水压力下降，温度下降。

原因：对流管开裂，汽水漏入炉膛。

排除方法：紧急停炉处理。

4. 减温器坏

现象：过热水蒸气温度降低，减温水量不正常地减少，水蒸气温度调节器不正常地出现忽大忽小振荡。

原因：减温器出现内漏，减温水进入过热水蒸气，使汽温下降。此时汽温为自动控制状态，所以减温水调节阀关小，使汽温回升，调节阀再次开启。如此往复形成振荡。

排除方法：降低负荷。将汽温调节器打手动，并关减温水调节阀，改用过热器疏水阀暂时维持运行。

5. 水蒸气管坏

现象：给水量上升，但水蒸气量反而略有下降，给水量水蒸气量不平衡，炉负荷呈上升趋势。

原因：水蒸气流量计前部水蒸气管爆破。

排除方法：紧急停炉处理。

6. 给水管坏

现象：上水不正常减小，除氧器和锅炉系统物料不平衡。

原因：上水流量计前给水管破裂。

排除方法：紧急停炉。

7. 二次燃烧

现象：排烟温度不断上升，超过 250 ℃，烟道和炉膛正压增大。

原因：省煤器处发生二次燃烧。

排除方法：紧急停炉。

8. 电源中断

现象：突发性出现风机停，高低压泵停，烟气停，油泵停，锅炉灭火等综合性现象。

原因：电源中断。

排除方法：紧急停炉。

紧急停炉具体步骤：

（1）上汽包停止上水

① 停加药泵 P103。

② 关闭上汽包液位调节阀 LV102。

③ 关闭上汽包与省煤器之间的再循环阀 B10。

④ 打开下汽包泄液阀 D43。

（2）停燃料系统

① 关闭过热水蒸气调节阀 PV102。

② 关闭喷射器入口阀 B17。

③ 关闭燃料油泵出口阀 D07。

④ 打开吹扫阀 B07 对火嘴进行吹扫。

（3）降低锅炉负荷

① 关闭主汽阀前疏水阀 D04。

② 关闭主汽阀 D17。

③ 打开过热水蒸气排空阀 D12 和上汽包排空阀 D26。

④ 停引风机 P104 和烟道挡板 D05。

思考题

1. 观察在出现锅炉负荷（锅炉给水）剧减时，汽包水位将出现什么变化？为什么？

2. 本单元中减温器的作用是什么？

3. 说明为什么上下汽包之间的水循环不用动力设备，其动力何在？

4. 结合本单元（TIC101），具体说明分程控制的作用和工作原理。

实验十二　罐区单元仿真

一、实验目的

（1）了解罐区单元的工艺流程。

（2）掌握罐区单元操作规程。

（3）了解罐区单元常见事故的主要现象及处理。

二、工艺流程说明

1. 罐区的工作原理

罐区（图 1-7）是化工原料、中间产品及成品的集散地，是大型化工企业的重要组成部分，也是化工安全生产的关键环节之一。大型石油化工企业罐区储存的化学品之多，是任何生产装置都无法比拟的。罐区的安全操作关系到整个工厂的正常生产，所以，罐区的设计生产操作及管理都特别重要。

罐区的工作原理如下：产品从上一生产单元中被送到产品罐，经过换热器冷却后用离心泵打入产品罐中，进行进一步冷却，再用离心泵打入包装设备。

图 1-7　罐区现场

2. 罐区的工艺流程

本工艺为单独培训罐区操作而设计，其工艺流程（参考流程仿真界面）如下：来自上一生产设备的约 35 ℃的带压液体，经过阀门 MV101 进入产品罐 T01，由温度传感器 TI101 显示 T01 罐底温度，压力传感器 PI101 显示 T01 罐内压力，液位传感器 LI101 显示 T01 的液位。由离心泵 P101 将产品罐 T01 的产品打出，控制阀 FIC101 控制回流量。回流的物流通过换热器 E01，被冷却水逐渐冷却到 33 ℃左右。温度传感器 TI102 显示被冷却后产品的温度，温度传感器 TI103 显示冷却水冷却后温度。由泵打出的少部分产品由阀门 MV102 打回生产系统。当产品罐 T01 液位达到 80% 后，阀门 MV101 和阀门 MV102 自动关断。

产品罐 T01 打出的产品经过 T01 的出口阀 MV103 和 T03 的进口阀进入产品罐 T03，由温度传感器 TI103 显示 T03 罐底温度，压力传感器 PI103 显示 T03 罐内压力，液位传感器 LI103 显示 T03 的液位。由离心泵 P103 将产品罐 T03 的产品打出，控制阀 FIC103 控制回流量。回流的物流通过换热器 E03，被冷却水逐渐冷却到 30 ℃ 左右。温度传感器 TI302 显示被冷却后产品的温度，温度传感器 TI303 显示冷却水冷却后温度。少部分回流物料不经换热器 E03 直接打回产品罐 T03；从包装设备来的产品经过阀门 MV302 打回产品罐 T03，控制阀 FIC302 控制这两股物流混合后的流量。产品经过 T03 的出口阀 MV303 到包装设备进行包装（图 1-8）。

当产品罐 T01 的设备发生故障，马上启用备用产品罐 T02 及其备用设备，其工艺流程同 T01。当产品罐 T03 的设备发生鼓掌，马上启用备用产品罐 T04 及其备用设备，其工艺流程同 T03。

3. 工艺流程主要包括以下设备

T01：产品罐；

P01：产品罐 T01 的出口压力泵；

E01：产品罐 T01 的换热器；

T02：备用产品罐；

P02：备用产品罐 T02 的出口泵；

E02：备用产品罐 T02 的换热器；

T03：产品罐；

P03：产品罐 T03 的出口压力泵；

E03：产品罐 T03 的换热器；

T04：备用产品罐；

P04：备用产品罐 T04 的出口压力泵；

E04：备用产品罐 T04 的换热器。

三、罐区单元操作规程

（一）冷态开车操作规程

1. 准备工作

（1）检查日罐 T01（T02）的容积。容积必须达到超过 ×× 吨，不包括储罐余料。

（2）检查产品罐 T03（T04）的容积。容积必须达到超过 ×× 吨，不包括储罐余料。

2. 日罐进料

（1）打开日罐 T01（T02）的进料阀 MV101（MV201）。

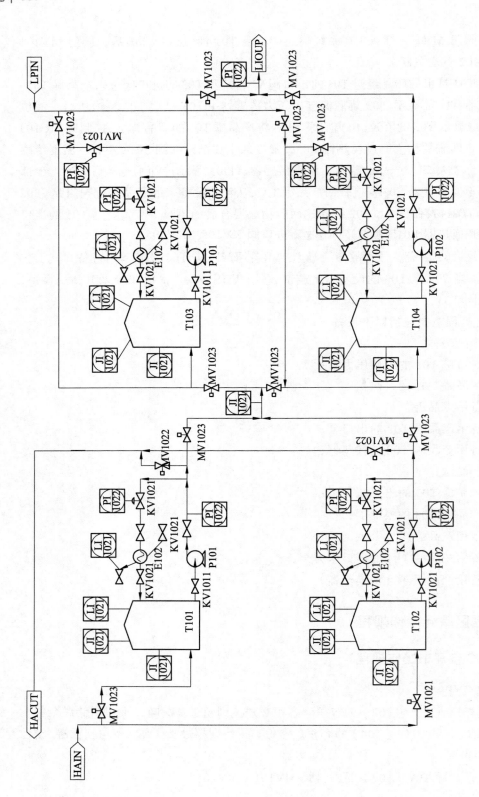

图 1-8　罐区流程工艺

3. 日罐建立回流

（1）打开日罐泵 P01（P02）的前阀 KV101（KV201）；

（2）打开日罐泵 P01（P02）的电源开关；

（3）打开日罐泵 P01（P02）的后阀 KV102（KV202）；

（4）打开日罐换热器热物流进口阀 KV104（KV204）；

（5）打开日罐换热器热物流出口阀 KV103（KV203）；

（6）打开日罐回流控制阀 FIC101（FIC201），建立回流；

（7）打开日罐出口阀 MV102（MV202）。

4. 冷却日罐物料

（1）打开换热器 E01（E02）的冷物流进口阀 KV105（KV205）；

（2）打开换热器 E01（E02）的冷物流出口阀 KV106（KV206）。

5. 产品罐进料

（1）打开产品罐 T03（T04）的进料阀 MV301（MV401）；

（2）打开日罐 T01（T02）的倒罐阀 MV103（MV203）；

（3）打开产品罐 T03（T04）的包装设备进料阀 MV302（MV402）；

（4）打开产品罐回流阀 FIC302（FIC402）。

6. 产品罐建立回流

（1）打开产品罐泵 P03（P04）的前阀 KV301（KV401）；

（2）打开产品罐泵 P03（P04）的电源开关；

（3）打开产品罐泵 P03（P04）的后阀 KV302（KV402）；

（4）打开产品罐换热器热物流进口阀 KV304（KV404）；

（5）打开产品罐换热器热物流出口阀 KV303（KV403）；

（6）打开产品罐回流控制阀 FIC301（FIC401），建立回流；

（7）打开产品罐出口阀 MV302（MV402）。

7. 冷却产品罐物料

（1）打开换热器 E03（E04）的冷物流进口阀 KV305（KV405）；

（2）打开换热器 E03（E04）的冷物流出口阀 KV306（KV406）。

8. 产品罐出料

打开产品罐出料阀 MV303（MV403），将产品打入包装车间进行包装。

四、事故设置一览表

1. P01 泵坏

现象：（1）P01 泵出口压力为零；

（2）FIC101 流量急剧减小到零。

处理：停用日罐 T01，启用备用日罐 T02。

2. 换热器 E01 结垢

现象：（1）冷物流出口温度低于 17.5 ℃；

（2）热物流出口温度降低极慢。

处理：停用日罐 T01，启用备用日罐 T02。

3. 换热器 E03 热物流串进冷物流

现象：（1）冷物流出口温度明显高于正常值；

（2）热物流出口温度降低极慢。

处理：停用产品罐 T03，启用备用产品罐 T04。

思考题

1. 简述罐区的工作原理。

2. 试列举罐区单元目前主要用于哪些工业？

3. 换热器 E01 结垢的主要现象有哪些？怎样处理？

实验十三　液位控制系统单元操作

一、实验目的

（1）了解液位控制系统单元的工艺流程。

（2）掌握液位控制系统单元操作规程。

（3）了解液位控制系统常见事故的主要现象及处理方法。

二、工艺流程说明

（一）工艺说明

本流程为液位控制系统，通过对三个罐的液位及压力的调节，使学员掌握简单回路及复杂回路的控制及相互关系。

缓冲罐 V101 仅一股来料，8 kg/cm² 压力的液体通过调节产供阀 FIC101 向罐 V101 充液，此罐压力由调节阀 PIC101 分程控制，缓冲罐压力高于分程点（5.0 kg/cm²）时，PV101B 自动打开泄压，压力低于分程点时，PV101B 自动关闭，PV101A 自动打开给罐充压，使 V101 压力控制在 5 kg/cm²。缓冲罐 V101 液位调节器 LIC101 和流量调节阀 FIC102 串级调节，一般液位正常控制在 50%左右，自 V101 底抽出液体通过泵 P101A 或 P101B（备用泵）打入罐 V102，该泵出口压力一般控制在 9 kg/cm²，FIC102 流量正常控制在 20 000 kg/h。

罐 V102 有两股来料，一股为 V101 通过 FIC102 与 LIC101 串级调节后来的流量；另一股为 8 kg/cm² 压力的液体通过调节阀 LIC102 进入罐 V102，一般 V102 液位控制在 50%左右，V102 底液抽出通过调节阀 FIC103 进入 V103，正常工况时 FIC103 的流量控制在 30 000 kg/h。

罐 V103 也有两股进料，一股来自于 V102 的底抽出量，另一股为 8 kg/cm² 压力的液体通过 FIC103 与 FI103 比值调节进入 V103，比值系数为 2∶1，V103 底液体通过 LIC103 调节阀输出，正常时罐 V103 液位控制在 50%左右。

（二）本单元控制回路说明

本单元主要包括单回路控制系统、分程控制系统、比值控制系统、串级控制系统。

1. 单回路控制回路

单回路控制回路又称单回路反馈控制。由于在所有反馈控制中，单回路反馈控制是最基本、结构最简单的一种，因此，它又被称为简单控制。

单回路反馈控制由四个基本环节组成，即被控对象（简称对象）或被控过程（简称过程）、测量变送装置、控制器和控制阀。

控制系统的整定就是对于一个已经设计并安装就绪的控制系统，通过控制器参数的调整，使得系统的过渡过程达到最为满意的质量指标要求。

本单元的单回路控制有 FIC101，LIC102，LIC103。

2. 分程控制回路

通常是一台控制器的输出只控制一只控制阀。然而分程控制系统却不然，在这种控制回路中，一台控制器的输出可以同时控制两只甚至两只以上的控制阀，控制器的输出信号被分割成若干个信号的范围段，而由每一段信号去控制一只控制阀。

3. 比值控制系统

在化工、炼油及其他工业生产过程中，工艺上常需要两种或两种以上的物料保持一定的比例关系，比例一旦失调，将影响生产或造成事故。

实现两个或两个以上参数符合一定比例关系的控制系统，称为比值控制系统。通常以保持两种或几种物料的流量为一定比例关系的系统，称为流量比值控制系统。

比值控制系统可分为：开环比值控制系统、单闭环比值控制系统、双闭环比值控制系统、变比值控制系统、串级和比值控制组合的系统等。

FFIC104 为一比值调节器。根据 FIC1103 的流量，按一定的相适应比例调整 FI103 的流量。

对于比值调节系统，首先是要明确哪种物料是主物料，而另一种物料按主物料来配比。在本单元中，FIC1425（以 C_2 为主的烃原料）为主物料，而 FIC1427（H_2）的量是随主物料（C_2 为主的烃原料）的量变化而改变。

4. 串级控制系统

如果系统中不止采用一个控制器，而且控制器间相互串联，一个控制器的输出作为另一个控制器的给定值，这样的系统称为串级控制系统。

串级控制系统的特点：

（1）能迅速地克服进入副回路的扰动。

（2）改善主控制器的被控对象特征。

（3）有利于克服副回路内执行机构等的非线性。

在本单元中罐 V101 的液位是由液位调节器 LIC101 和流量调节器 FIC102 串级控制。

5. 设备一览

V-101：缓冲罐；

V-102：恒压中间罐；

V-103：恒压产品罐；

P101A：缓冲罐 V-101 底抽出泵；

P101B：缓冲罐 V-101 底抽出备用泵。

三、装置的操作规程

（一）冷态开车规程

装置的开工状态为 V-102 和 V-103 两罐已充压完毕，保压在 2.0 kg/cm^2，缓冲罐 V-101 压力为常压状态，所有可操作阀均处于关闭状态。

1. 缓冲罐 V-101 充压及液位建立

（1）确认事项。

V-101 压力为常压。

（2）V-101 充压及建立液位。

① 在现场图上，打开 V-101 进料调节器 FIC101 的前后手阀 V1 和 V2，开度在 100%。

② 在 DCS 图上，打开调节阀 FIC101，阀位一般在 30%左右开度，给缓冲罐 V101 充液。

③ 待 V101 见液位后再启动压力调节阀 PIC101，阀位先开至 20%充压。

④ 待压力达 5 kg/cm^2 左右时，PIC101 投自动。

2. 中间罐 V-102 液位建立

（1）确认事项。

① V-101 液位达 40%以上。

② V-101 压力达 5.0 kg/cm^2 左右。

（2）V-102 建立液位。

① 在现场图上，打开泵 P101A 的前手阀 V5 为 100%。

② 启动泵 P101A。

③ 当泵出口压力达 10 kg/cm^2 时，打开泵 P101A 的后手阀 V7 为 100%。

④ 打开流量调节器 FIC102 前后手阀 V9 及 V10 为 100%。

⑤ 打开出口调节阀 FIC102，手动调节 FV102 开度，使泵出口压力控制在 9.0 kg/cm^2 左右。

⑥ 打开液位调节阀 LV102 至 50%开度。

⑦ V-101 进料流量调整器 FIC101 投自动，设定值为 20 000.0 kg/h。

⑧ 操作平稳后调节阀 FIC102 投入自动控制并与 LIC101 串级调节 V101 液位。

⑨ V-102 液位达 50%左右，LIC102 投自动，设定值为 50%。

3. 产品罐 V-103 建立液位

（1）确认事项。

V-102 液位达 50%左右。

（2）V-103 建立液位。

① 在现场图上，打开流量调节器 FIC103 的前后手阀 V13 及 V14。

② 在 DCS 图上，打开 FIC103 及 FFIC104，阀位开度均为 50%。

③ 当 V103 液位达 50%时，打开液位调节阀 LIC103 开度为 50%。

④ LIC103 调节平稳后投自动，设定值为 50%。

（二）正常操作规程

正常工况下的工艺参数。

（1）FIC101 投自动，设定值为 20 000.0 kg/h。

（2）PIC101 投自动（分程控制），设定值为 5.0 kg/cm^2。

（3）LIC101 投自动，设定值为 50%。

（4）FIC102 投串级（与 LIC101 串级）。

（5）FIC103 投自动，设定值为 30 000.0 kg/h。

（6）FFIC104 投串级（与 FIC103 比值控制），比值系统为常数 2.0。

（7）LIC102 投自动，设定值为 50%。

（8）LIC103 投自动，设定值为 50%。

（9）泵 P101A（或 P101B）出口压力 PI101 正常值为 9.0 kg/cm^2。

（10）V-102 外进料流量 FI101 正常值为 10 000.0 kg/h。

（11）V-103 产品输出量 FI102 的流量正常值为 45 000.0 kg/h。

（三）停车操作规程

1. 正常停车

（1）关进料线。

① 将调节阀 FIC101 改为手动操作，关闭 FIC101，再关闭现场手阀 V1 及 V2。

② 将调节阀 LIC102 改为手动操作，关闭 LIC102，使 V-102 外进料流量 FI101 为 0.0 kg/h。

③ 将调节阀 FFIC104 改为手动操作，关闭 FFIC104。

（2）将调节器改手动控制。

① 将调节器 LIC101 改手动调节，FIC102 解除串级改手动控制。

② 手动调节 FIC102，维持泵 P101A 出口压力，使 V-101 液位缓慢降低。

③ 将调节器 FIC103 改手动调节，维持 V-102 液位缓慢降低。

④ 将调节器 LIC103 改手动调节，维持 V-103 液位缓慢降低。

（3）V-101 泄压及排放。

① 罐 V101 液位下降至 10%时，先关出口阀 FV102，停泵 P101A，再关入口阀 V5。

② 打开排凝阀 V4，关 FIC102 手阀 V9 及 V10。

③ 罐 V-101 液位降到 0.0 时，PIC101 置手动调节，打开 PV101 为 100%放空。

（4）当罐 V-102 液位为 0.0 时，关调节阀 FIC103 及现场前后手阀 V13 及 V14。

（5）当罐 V-103 液位为 0.0 时，关调节阀 LIC103。

2. 紧急停车

紧急停车操作规程同正常停车操作规程。

四、事故设置一览

1. 泵 P101A 坏

原因：运行泵 P101A 停。

现象：画面泵 P101A 显示为开，但泵出口压力急剧下降。

处理：先关小出口调节阀开度，启动备用泵 P101B，调节出口压力，压力达 9.0 atm（表压）时，关泵 P101A，完成切换。

处理：（1）关小 P101A 泵出口阀 V7。

（2）打开 P101B 泵入口阀 V6。

（3）启动备用泵 P101B。

（4）打开 P101B 泵出口阀 V8。

（5）待 PI101 压力达 9.0 atm 时，关 V7 阀。

（6）关闭 P101A 泵。

（7）关闭 P101A 泵入口阀 V5。

2. 调节阀 FIC102 阀卡

原因：FIC102 调节阀卡 20%开度不动作。

现象：罐 V101 液位急剧上升，FIC102 流量减小。

处理：打开副线阀 V11，待流量正常后，关调节阀前后手阀。

处理：（1）调节 FIC102 旁路阀 V11 开度。

（2）待 FIC102 流量正常后，关闭 FIC102 前后手阀 V9 和 V10。

（3）关闭调节阀 FIC102。

思考题

1. 通过本单元，理解什么是"过程动态平衡"，掌握通过仪表画面了解液位发生变化的原因和如何解决的方法。

2. 请问在调节器 FIC103 和 FFIC104 组成的比值控制回路中，哪一个是主动量？为什么？这种比值调节属于开环还是闭环控制回路？

3. 本仿真培训单元包括有串级、比值、分程三种复杂调节系统，你能说出它们的特点吗？它们与简单控制系统的差别是什么？

4. 在开/停车时，为什么要特别注意维持流经调节阀 FV103 和 FFV104 的液体流量比值为 2？

5. 请简述开/停车的注意事项有哪些。

实验十四　真空单元仿真

一、实验目的

（1）了解真空单元的工艺流程。

（2）掌握真空单元操作规程。

（3）了解真空单元常见事故的主要现象及处理方法。

二、工艺流程说明

1. 液环真空泵简介及工作原理

水环真空泵（简称水环泵）是一种粗真空泵，它所能获得的极限真空度为 2000 ~ 4000 Pa，串联大气喷射器可达 270~670 Pa。水环泵也可用作压缩机，称为水环式压缩机，属于低压压缩机，其压力范围为$(1~2)×10^5$ Pa 表压力。

水环泵最初用作自吸水泵，而后逐渐用于石油、化工、机械、矿山、轻工、医药及食品等许多工业部门。在工业生产的许多工艺过程中，如真空过滤、真空引水、真空送料、真空蒸发、真空浓缩、真空回潮和真空脱气等，水环泵得到广泛的应用。由于真空应用技术的飞跃发展，水环泵在粗真空获得方面一直被人们所重视。由于水环泵中气体压缩是等温的，故可抽除易燃、易爆的气体，此外还可抽除含尘、含水的气体，因此，水环泵应用日益增多。

在泵体中装有适量的水作为工作液。当叶轮按图中顺时针方向旋转时，水被叶轮抛向四周，由于离心力的作用，水形成了一个决定于泵腔形状的近似于等厚度的封闭圆环。水环的下部分内表面恰好与叶轮轮毂相切，水环的上部内表面刚好与叶片顶端接触（实际上叶片在水环内有一定的插入深度）。此时叶轮轮毂与水环之间形成一个月牙形空间，而这一空间又被叶轮分成和叶片数目相等的若干个小腔。如果以叶轮的下部 0°为起点，那么叶轮在旋转前 180°时小腔的容积由小变大，且与端面上的吸气口相通，此时气体被吸入，当吸气终了时小腔则与吸气口隔绝；当叶轮继续旋转时，小腔由大变小，使气体被压缩；当小腔与排气口相通时，气体便被排出泵外。

水环泵是靠泵腔容积的变化来实现吸气、压缩和排气的，因此它属于变容式真空泵。

2. 水蒸气喷射泵简介及工作原理

水蒸气喷射泵是靠从拉瓦尔喷嘴中喷出的高速水蒸气流来携带气的，故有如下特点：

（1）该泵无机械运动部分，不受摩擦、润滑、振动等条件限制，因此可制成抽气能力很大的泵。工作可靠，使用寿命长。只要泵的结构材料选择适当，对于排除具有腐蚀性气体、含有机械杂质的气体以及水蒸气等场合极为有利。

（2）结构简单、重量轻，占地面积小。

（3）工作蒸气压力为（4~9）×10^5 Pa，在一般的冶金、化工、医药等企业中都具备这样的水蒸气源。

因水蒸气喷射泵具有上述特点，所以广泛用于冶金、化工、医药、石油以及食品等工业部门。

喷射泵是由工作喷嘴和扩压器及混合室相联而组成。工作喷嘴和扩压器这两个部件组成了一条断面变化的特殊气流管道。气流通过喷嘴可将压力能转变为动能。工作蒸气压强 p_0 和泵的出口压强 p_4 之间的压力差，使工作水蒸气在管道中流动。

在这个特殊的管道中，水蒸气经过喷嘴的出口到扩压器入口之间的这个区域（混合室），由于水蒸气流处于高速而出现一个负压区。此处的负压要比工作蒸气压强 p_0 和反压强 p_4 低得多。此时，被抽气体吸进混合室，工作水蒸气和被抽气体相互混合并进行能量交换，把工作水蒸气由压力能转变来的动能传给被抽气体，混合气流在扩压器扩张段某断面产生正激波，波后的混合气流速度降为亚音速，混合气流的压力上升。亚音速的气流在扩压器的渐扩段流动时是降速增压的。混合气流在扩压器出口处，压力增加，速度下降。故喷射泵也是一台气体压缩机。

3. 工艺流程简介（图 1-9）

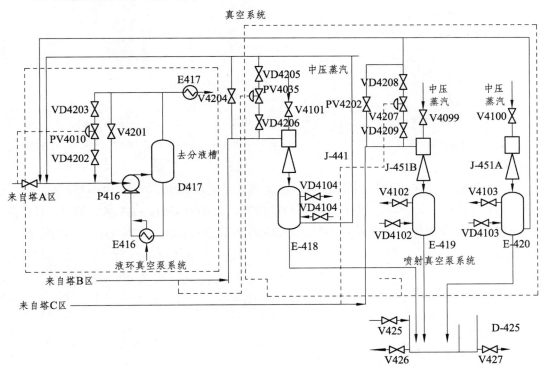

图 1-9　真空单元工艺流程

该工艺主要完成三个塔体系统真空抽取。液环真空泵 P416 系统负责 A 塔系统真空抽取，正常工作压力为 26.6 kPa（A），并作为 J-451、J-441 喷射泵的二级泵。J-451 是一个串联的二级喷射系统，负责 C 塔系统真空抽取，正常工作压力为 1.33 kPa（A）。J-441 为单级喷射泵系统，抽取 B 塔系统真空，正常工作压力为 2.33kPa。被抽气体主要成分为可冷凝气相物质和水。由 D417 气水分离后的液相提供给 P416 灌泵，提供所需液环液相补给；气相进入换热器 E-417，冷凝出的液体回流至 D417，E417 出口气相进入焚烧单元。生产过程中，主要通过调节各泵进口回流量或泵前被抽工艺气体流量来调节压力。J-441 和 J-451A/B 两套喷射真空泵分别负责抽取塔 B 区和 C 区，中压水蒸气喷射形成负压，抽取工艺气体。水蒸气和工艺气体混合后，进入 E418、E419、E420 等冷凝器。在冷凝器内大量水蒸气和带水工艺气体被冷凝后，流入 D425 封液罐。未被冷凝的气体一部分作为液环真空泵 P416 的入口回流，一部分作为自身入口回流，以便压力控制调节。

D425 主要作用是为喷射真空泵系统提供封液。防止喷射泵喷射被压过大而无法抽取真空。开车前应该为 D425 灌液，当液位超过大气腿最下端时，方可启动喷射泵系统。

4. 正常工况工艺参数

（1）PI4010：26.6 kPa（由于控制调节速率，允许有一定波动）；

（2）PI4035：3.33 kPa（由于控制调节速率，允许有一定波动）；

（3）PI4042：1.33 kPa（由于控制调节速率，允许有一定波动）；

（4）TI4161：8.17 ℃；

（5）LI4161：68.78%（≥50%）；

（6）LI4162：80.84%；

（7）LI4163：≤50%。

5. 控制说明

（1）压力回路调节：PIC4010 检测压力缓冲罐 D416 内压力，调节 P416 进口前回路控制阀 PV4010 开度，调节 P416 进口流量。PIC4035 和 PIC4042 调节压力机理同 PIC4010。

（2）D417 内液位控制：采用浮阀控制系统。当液位低于 50%时，浮球控制的阀门 VD4105 自动打开。在阀门 V4105 打开的条件下，自动为 D417 内加水，满足 P416 灌液所需水位。当液位高于 68.78%时，液体溢流至工艺废水区，确保 D417 内始终有一定液位。

三、操作规程

1. 冷态开车

（1）液环真空和喷射真空泵灌水。

① 开阀 V4105 为 D417 灌水；

② 待 D417 有一定液位后，开阀 V4109；

③ 开启灌水水温冷却器 E416，开阀 VD417；

④ 开阀 V417，开度 50；

⑤ 开阀 VD4163A，为液环泵 P416A 灌水；

⑥ 在 D425 中，开阀 V425 为 D425 灌水，液位达到 10% 以上。

（2）开液环泵。

① 开进料阀 V416；

② 开泵前阀 VD4161A；

③ 开泵 P416A；

④ 开泵后阀 VD4162A；

⑤ 开 E417 冷凝系统：开阀 VD418；

⑥ 开阀 V418，开度 50；

⑦ 开回流四组阀：打开 VD4202；

⑧ 打开 VD4203；

⑨ PIC4010 投自动，设置 SP 值为 26.6 kPa。

（3）开喷射泵。

① 开进料阀 V441，开度 100；

② 开进口阀 V451，开度 100；

③ 在 J441/J451 现场中，开喷射泵冷凝系统，开 VD4104；

④ 开阀 V4104，开度 50；

⑤ 开阀 VD4102；

⑥ 开阀 V4102，开度 50；

⑦ 开阀 VD4103；

⑧ 开阀 V4103，开度 50；

⑨ 开回流四组阀：开阀 VD4208；

⑩ 开阀 VD4209；

⑪ 投 PIC4042 为自动，输入 SP 值为 1.33；

⑫ 开阀 VD4205；

⑬ 开阀 VD4206；

⑭ 投 PIC4035 为自动，输入 SP 值为 3.33；

⑮ 开启中压水蒸气，开始抽真空，开阀 V4101，开度 50；

⑯ 开阀 V4099，开度 50；

⑰ 开阀 V4100，开度 50。

（4）检查 D425 左右室液位。

开阀 V427，防止右室液位过高。

2. 检修停车

（1）停喷射泵系统

① 在 D425 中开阀 V425，为封液罐灌水；

② 关闭进料口阀门，关闭阀 V441；

③ 关闭阀 V451；

④ 关闭中压水蒸气，关闭阀 V4101；

⑤ 关闭阀门 V4099；

⑥ 关闭阀门 V4100；

⑦ 投 PIC4035 为手动，输入 OP 值为 0；

⑧ 投 PIC4042 为手动，输入 OP 值为 0；

⑨ 关阀 VD4205；

⑩ 关阀 VD4206；

⑪ 关阀 VD4208；

⑫ 关阀 VD4209。

（2）停液环真空系统。

① 关闭进料阀门 V416；

② 关闭 D417 进水阀 V4105；

③ 停泵 P416A；

④ 关闭灌水阀 VD4163A；

⑤ 关闭冷却系统冷媒，关阀 VD417；

⑥ 关阀 V417；

⑦ 关阀 VD418；

⑧ 关阀 V418；

⑨ 关闭回流控制阀组：投 PIC4010 为手动，输入 OP 值为 0；

⑩ 关闭阀门 VD4202；

⑪关闭阀门 VD4203。

（3）排液。

① 开阀 V4107，排放 D417 内液体；

② 开阀 VD4164A，排放液环泵 P416A 内液体。

四、事故处理培训

1. 喷射泵大气压未正常工作

现象：PI4035 及 PI4042 压力逐渐上升。

原因：误操作将 D425 左室排液阀门 V426 打开，导致左室液位太低。大气进入喷射真空系统，导致喷射泵出口压力变大。真空泵抽气能力下降。

处理：关闭阀门 V426，升高 D425 左室液位，重新恢复大气压高度。

2. 液环泵灌水阀未开

现象：PI4010 压力逐渐上升。

原因：误操作将 P416A 灌水阀 VD4163A 关闭，导致液环真空泵进液不够，不能形成液环，无法抽气。

处理：开启阀门 VD4163，对 P416 进行灌液。

3. 液环抽气能力下降（温度对液环真空影响）

现象：PI4010 压力上升，达到新的压力稳定点。

原因：液环介质温度高于正常工况温度，导致液环抽气能力下降。

处理：检查换热器 E416 出口温度是否高于正常工作温度 8.17 ℃。如果是，加大循环水阀门开度，调节出口温度至正常。

4. J441 水蒸气阀漏

现象：PI4035 压力逐渐上升。

原因：进口水蒸气阀 V4101 有漏气，导致 J441 抽气能力下降。

处理：停车更换阀门。

5. PV4010 阀卡

现象：PI4010 压力逐渐下降，调节 PV4010 无效。

原因：由于 PV4010 卡住，开度偏小，回流调节量太低。

处理：减小阀门 V416 开度，降低被抽气量。控制塔 A 区压力。

思考题

1. 简述水环真空泵的工作原理。
2. 简述水蒸气喷射泵的工作原理。
3. 简述真空单元冷冻开车的操作规程。
4. PV4010 阀卡出现故障的主要现象是什么？主要原因及处理方法？

第二章
合成氨仿真实验

氨气，分子式 NH_3，可由氮和氢在高温高压和催化剂下直接合成。世界上的氨除少量从焦炉气中回收副产外，绝大部分是合成的氨。合成氨主要用作化肥、冷冻剂和化工原料。合成氨的主要原料可分为固体原料、液体原料和气体原料。经过近百年的发展，合成氨技术趋于成熟，形成了一大批各有特色的工艺流程，但都是由三个基本部分组成，即原料气制备过程、净化过程以及氨合成过程。

氨是重要的无机化工产品之一，在国民经济中占有重要地位。除液氨可直接作为肥料外，农业上使用的氮肥，如尿素、磷酸铵、硝酸铵、氯化铵以及各种含氮复合肥，都是以氨为原料的。合成氨是大宗化工产品之一，世界每年合成氨产量已达到 1 亿吨以上，其中约有 80%的氨用来生产化学肥料，20%作为其他化工产品的原料。

实验一　合成工段仿真

一、实验目的

（1）了解合成工段的原理及工艺流程。
（2）掌握合成工段的操作规程。
（3）掌握合成工段工艺中常见事故的主要现象和处理方法。

二、工艺流程简介

（一）工艺原理

氨的合成是氨厂最后一道工序，任务是在适当的温度、压力和有催化剂存在的条件下，将经过精制的氢氮混合气直接合成为氨。然后将所生成的气体氨从未合成为氨的混合气体中冷凝分离出来，得到产品液氨，分离氨后的氢氮气体循环使用。

1. 氨合成反应的特点

氨合成的化学反应式如下：

$$\frac{3}{2}H_2 + \frac{1}{2}N_2 \rightleftharpoons NH_3 + Q$$

这一化学反应具有如下几个特点：

（1）是可逆反应。即在氢气和氮气反应生成氨的同时，氨也分解成氢气和氮气。

（2）是放热反应。在生成氨的同时放出热量，反应热与温度、压力有关。

（3）是体积缩小的反应。

（4）反应需要有催化剂才能较快进行。

2. 氨合成反应的化学平衡

1）低平衡常数

氨合成反应的平衡常数 K_p 可表示为：

$$K_p = \frac{p(NH_3)}{p^{1.5}(H_2) \cdot p^{0.5}(N_2)}$$

式中　$p(NH_3)$、$p(H_2)$、$p(N_2)$——平衡状态下氨、氢、氮的分压。

由于氨合成反应是可逆、放热、体积缩小的反应，根据平衡移动定律可知，降低温度，提高压力，平衡向生成氨的方向移动，因此平衡常数增大。

2）平衡氨含量

反应达到平衡时按在混合气体中的百分含量，称为平衡氨含量，或称为氨的平衡产率。平衡氨含量是给定操作条件下，合成反应能达到的最大限度。

计算平衡常数的目的是求平衡氨含量。平衡氨含量与压力、平衡常数、惰性气体含量、氢氮比例的关系如下：

$$\frac{Y(NH_3)}{[1-Y(NH_3-Y_i)]^2} = K_p \cdot p \frac{r^{1.5}}{(1+r)^2}$$

式中　$Y(NH_3)$——平衡时氨的体积百分数；

　　　Y_i——惰性气体的体积百分数；

　　　p——总压力；

　　　K_p——平衡常数；

　　　r——氢氮比例。

由式可见，温度降低或压力升高时，等式右方增加，因此平衡氨含量也增加。所以，在实际生产中，氨的合成反应均在加压下进行。

3. 氨合成动力学

1）反应机理

氮与氢自气相空间向催化剂表面接近，其绝大部分自外表面向催化剂毛细孔的内表面扩散，并在表面上进行活性吸附。吸附氮与吸附氢及气相氢进行化学反应，一次生成 NH、NH$_2$、NH$_3$。后者至表面脱附后进入气相空间。可将整个过程表示如下：

$$N_2（气相）\longrightarrow N_2（吸附）\xrightarrow{\text{气相中的}H_2} 2NH（吸附）\xrightarrow{\text{气相中的}H_2}$$

$$2NH_2（吸附）\xrightarrow{\text{气相中的}H_2} 2NH_3（吸附）\xrightarrow{\text{脱吸}} 2NH_3（气相）$$

在上述反应过程中，当气流速度相当大，催化剂粒度足够小时，外扩散光和内扩散因素对反应影响很小，而在铁催化剂上吸附氮的速率在数值上很接近于合成氨的速率，即氮的活性吸附步骤进行得最慢，是决定反应速率的关键。这就是说氨的合成反应速率是由氮的吸附速率所控制的。

2）反应速率

反应速率是以单位时间内反应物质浓度的减少量或生成物质浓度的增加量来表示。在工业生产中，不仅要求获得较高的氨含量，同时还要求有较快的反应速率，以便在单位时间内有较多的氢和氮合成为氨。

根据氮在催化剂表面上的活性吸附是氨合成过程的控制步骤、氮在催化剂表面成中等覆盖度、吸附表面很不均匀等条件，捷姆金和佩热夫导得的速率方程式如下：

$$W = k_1 p(N_2)\frac{p^{1.5}(H_2)}{p(NH_3)} - k_2 \frac{p(NH_3)}{p^{1.5}(H_2)}$$

式中　　W——反应的瞬时总速率，为正反应和逆反应速率之差；

　　　　k_1、k_2——正、逆反应速率常数；

　　　　$p(H_2)$、$p(N_2)$、$p(NH_3)$——氢、氮、氨气体的分压。

3）内扩散的影响

当催化剂的颗粒直径为 1 mm 时，内扩散速率是反应速率的百倍以上，故内扩散的影响可忽略不计。但当半径大于 5 mm 时，内扩散速率已经比反应速率慢，其影响就不能忽视了。催化剂毛细孔的直径愈小和毛细孔愈长（颗粒直径愈大），则内扩散的影响愈大。

实际生产中，在合成塔结构和催化层阻力允许的情况下，应当采用粒度较小的催化剂，以减小被扩散的影响，提高内表面利用率，加快氨的生成速率。

4. 影响合成塔操作的各种因素

1）影响合成塔反应的条件

催化的合成反应可用下式表示：

$$N_2 + 3H_2 \longrightarrow 2NH_3$$

在推荐的操作条件下，合成塔出口气中氨含量约 13.9%（分子）没有反应的气体循环返回合成塔，最后仍变为产品。

（1）温度：温度变化时对合成氨反应的影响有两方面，它同时影响平衡浓度及反应速率。因为合成氨的反应是放热的，温度升高使氨的平衡浓度降低，同时又使反应加速，这表明在远离平衡的情况下，温度升高时合成效率就比较高，而另一方面对于接近平衡的系统来说，温度升高时合成效率就比较低，在不考虑触媒衰老时，合成效率总是直接随温度变化的。合成效率的定义是：反应后的气体中实际的氨的百分数与所讨论的条件下理论上可能得到的氨的百分数之比。

（2）压力：氨合成时体积缩小（分子数减少），所以氨的平衡百分数将随压力提高而增加，同时反应速率也随压力的升高而加速，因此提高压力将促进反应。

（3）空速：在较高的工艺气速（空间速度）下，反应的时间比较少，所以合成塔出口的氨浓度就不像低空速那样高。但是，产率的降低百分比上是远远小于空速的增加的。由于有较多的气体经过合成塔，所增加的氨产量足以弥补由于停留时间短，反应不完全而引起的产量的降低，所以在正常的产量或者在低于正常产量的情况下，其他条件不变时，增加合成塔的气量会提高产量。

通常是采取改变循环气量的办法来改变空速的。循环量增加时（如果可能的话），由于单程合成效率的降低，触煤层的温度会降低，且由于氨总产量的增加，系统的压力也会降低，MIC-22 关小时，循环量就加大，当 MIC-22 完全关闭时，循环量最大。

（4）氢氮比：送往合成部分的新鲜合成气的氢氮比通常应维持在 3.0：1.0 左右，这是因为氢与氮是以 3.0：1.0 的比例合成为氨的。但是必须指出，在合成塔中的氢氮比不一定是 3.0：1.0，已经发现合成塔内的氢氮比为（2.5~3.0）：1.0 时，合成效率最高。为了使进入合成塔的混合气能达到最好的氢氮比、新鲜气中的氢氮

（5）惰性气体：有一部分气体连续地从循环机的吸入端往吹出气系统放空，这是为了控制甲烷及其他惰性气体的含量，否则它们将在合成回路中积累而使合成效率降低，系统压力升高及生产能力下降。

（6）新鲜气：单独把新鲜气的流量加大可以生产更多的氨并对上述条件有以下影响：

① 系统压力增长；

② 触媒床温度升高；

③ 惰性气体含量增加；

④ 氢氮比可能改变。

反之，合成气量减少，效果则相反。

在正常的操作条件下，新鲜气量是由产量决定的，但是合成部分进气的增加必须以工厂造气工序产气量增加为前提。

2）合成反应的操作控制

合成系统是从合成气体压缩机的山口管线开始的，气体（氢氮比为 3：1 的混合气）的消耗量取决于操作条件、触媒的活性以及合成同路总的生产能力，被移去的或反应了的气体是由压缩机来的气体不断进行补充的。如果新鲜气过量，产量增至压缩机的

极限能力，新鲜气就在一段压缩之前从 104-F 吸入罐处放空；如果气量不足，压缩机就减慢，回路的压力下降直至氨的产量降低到与进来的气量成平衡为止。

为了改变合成回路的操作，可以改变一个或几个条件，且较重要的控制条件如下：

新鲜气量　　　合成塔的入口温度

循环气量　　　氢氮比

高压吹出气量　新鲜气的纯度

触媒层的温度

注意：这里没有把系统的压力作为一个控制条件列出，因为压力的改变常常是其他条件变化的结果，以提高压力为唯一目的而不考虑其他效果的变化是很少的。合成系统通常是这样操作的，即把压力控制在极限值以下适当处，把吹出气量减少到最低程度，同时把合成塔维持在足够低的温度以延长触媒寿命，在新鲜气量及放空气量正常以及合成温度适宜的条件下，较低的压力通常是表明操作良好。

下面是影响合成回路各个条件的一些因素，操作人员要注意检查它们的过程中是否有不正常的变化，如果把这些情况都弄清楚了，操作人员就能够比较容易地对操作条件的变化进行解释，这样就能够改变一个或几个条件进行必要的调整。

（1）合成塔的压力。能单独地或综合地使合成回路压力增加的主要因素有：

① 新鲜气量增加；

② 合成塔的温度下降；

③ 合成回路中的气体组成偏离了最适宜的氢氮比（2.5~3.0）：1.0；

④ 循环气中氨含量增加；

⑤ 循环气中惰性气体含量增加：

⑥ 循环气量减少；

⑦ 由于合成气不纯引起触媒中毒；

⑧ 触媒衰老。

反过来，与上述这些作用相反就会使压力降低。

（2）触媒的温度。能单独地或综合地使触媒温度升高的主要因素有：

① 新鲜气量增加；

② 循环气量减少；

③ 氢氮比比较接近于最适比值（2.5 ~ 3.0）：1.0；

④ 循环气中氨含量降低；

⑤ 合成系统的压力升高；

⑥ 进入合成塔的冷气进路（冷激）流量减少；

⑦ 循环气中惰性气的含量降低；

⑧ 由于合成气不纯引起触媒暂时中毒之后，接着触媒活性又恢复。

反过来说，与上述这些作用相反就会使触媒的温度下降。

（3）稳定操作时的最适宜温度。就是使氨产量最高时的最低温度，但温度还是要足够高以保证压力波动时操作的稳定性，超温会使触媒衰老并使触媒的活性很快下降。

（4）氢氮比。能单独地或者综合地使循环气中的氢氮比变化的主要因素有：

① 从转化及净化系统来的合成气的组成有变化；

② 新鲜气量变化；

③ 循环气中氨的含量有变化；

④ 循环气中惰性气的含量有变化。

进合成塔的循环气中氢氮比应控制在（2.5~3.0）∶1.0，氢氮比变化太快会使温度发生急剧变化。

（5）循环气中氨含量。能单独地或综合地使合成塔进气氨浓度变化的因素有：

① 高压氨分离器 106-F 前面的氨冷器中冷却程度的变化；

② 系统的压力。

前期的合成塔出口气中的氨浓度约为 13.9%，循环气与新鲜气混合以后，氨浓度变为 4.15%，经过氨冷及 106-F 把氨冷凝和分离下来以后，进合成塔时混合气中的氨浓度约为 2.42%。

循环气中的循环性气含量：循环气中惰性气体的主要成分是氩及甲烷，这些气体会逐步地积累起来而使系统的压力升高，从而降低了合成气的有效分压。反映出来的就是单程的合成率下降，控制系统中惰性气体浓度的方法就是引出一部分气体经 125-C 与吹出气分离罐 108-F 后放空，合成塔入口气中惰性气体（甲烷和氩）的设计浓度约为 13.6%（分子）。但是，经验证明：惰性气体的浓度再保持得高一些，可以减少吹出气带走的氢气，氨的总产量还可以增加。

从上面的合成氨操作的讨论中可以看出：合成的效率受这一节"（2）"开头部分列出的各种控制条件影响，所有这些条件都是相互联系的，一个条件发生变化对其他条件都会有影响，所以好的操作就是要把操作经验以及对影响系统操作的各种因素的认识这两者很好结合起来。如果其中有一个条件发生了急剧的变化，经验会做出判断为了弥补这个变化应当采取什么步骤，从而使系统的操作保持稳定，任何变化都要缓慢地进行，以防引起大的波动。

3）合成触媒的性能

（1）触媒的活化：合成触媒是由融熔的铁的氧化物制成的，它含有钾、钙和铝的氧化物，作为稳定剂与促进剂，而且是以氧化态装到合成塔中去的。在进行氨的生产以前，触媒必须加以活化，把氧化铁还原成基本上是纯的元素铁。

触媒的还原是在这样的条件下进行的：在氧化态的触媒上面通以氢气，并逐步提高压力及温度，氢气与氧化铁中的氧化合生成水，在气体再次循环到触媒床以前要尽可能地把这些水除净。活化过程中的出水量触媒还原进展情况的一个良好的指标，在还原的开始阶段生成的水量是很少的，随着触媒还原的进行，生成的水量就增加，为促进触媒的还原需要采用相当高的温度并控制在一定的压力，出水量会达到一个高峰，然后逐步减少直至还原结束。

还原的温度应当始终保持在触媒的操作温度以下，避免由于以下原因而脱活：① 循环气中的水汽浓度过高；② 过热。但是温度太低，触媒的还原就进行得太慢，如果温度降得过分低，还原就会停止。

在触媒的还原期间，压力与（或）压力变化的影响是一个关键，当还原向下移动时，如果各层触媒的活化是不均匀的，则提高压力就可能产生"沟流"。在触媒床的局部地方还原较彻底的触媒会促进氢与氮生成氨的反应，反应放出的热量会使局部触媒的温度变得太高而难以控制。触媒还原期间应当维持这样在压力：即还原能够均匀地进行而且在触媒床的同一个水平面上的温度差不要太大，提高压力时，生成氨的反应加速，降低压力时，生成氨的反应会减慢。

触媒的还原可以在相当低的空速下进行，但是空速愈高，还原的时间愈短，而且在较高的空速下可以消除沟流。

触媒还原期间，合成气是循环通过合成塔的，当反应已经开始进行时，非常重要的是循环气要尽可能地加以冷却（但设备中不能结冰，否则会有危险），把气体中的水分加以冷凝开，除去以后再重新进入合成塔。否则，水汽浓度高的气体将进入已经还原了的触媒床，水蒸气会使已经还原过的触媒和活性降低或中毒，一旦合成氨的反应开始进行，生成的氨就会使冰点下降，这就可以在更低的温度下把气流中的水分除去。

精心控制触媒活化时的条件，可以使还原均匀地进行，这就有助于延长触媒的使用寿命。

（2）触媒的热稳定性：即使是采用纯的合成气，氨触媒也不能无限期地保持它的活性。一些数据表明，采用纯的气体时，温度低于 550 ℃对触媒没有影响，而当温度更高时，就会损害触媒。这些数据还表明，经受过轻度过热的触媒，在 400 ℃时活性有所下降，而在 500 ℃时，活性不变。

但是应当着重指出：不存在有这样一个固定的温度极限，低于这个温度触媒就不受影响，在温度一定，但是压力与空速的条件变得苛刻时，会使触媒的活性比较快地降低。

触媒的衰老首先表现在温度较低、压力与（或）空速较高的条件下操作时效率下降。已经发现：触媒的活性和开始时相比下降得越多，则要进一步受到损坏所需要的时间就会越长或者所需要的条件也会越加苛刻。

（3）触媒的毒物：合成气中能够使触媒和活性或寿命降低的化合物称为毒物，这些物质通常能够与触媒的活性组分形成稳定程度不同的化合物。永久性的毒物会使触媒的活性不可逆地永久下降，这些毒物能够与触媒的活性部分形成稳定的表面化合物；另一些毒物可以使活性暂时下降，在这些毒物从气体中除去以后，在一个比较短的时间之内触媒就可以恢复到原有的活性。

　　合成氨触媒最主要的毒物是氧的化合物，这些化合物不能看作是暂时性毒物，也不是永久性毒物。当合成气中含有少量的氧化物，如 CO 时，触媒的一些活性表面就与氧结合使触媒的活性降低，当把这种氧的化合物从合成气中除去以后，触媒就再一次完全还原，但是并不能使所有的活性中心都完全恢复到原始的状态，或者恢复到它的最初的活性。因此，氧的化合物能引起严重的暂时性中毒以及轻微的永久性中毒。

　　通常能使触媒中毒的氧的化合物有：水蒸气、（H）、CO_2 及分子 O_2。其他重要的毒物有 H_2S（永久性的）及油雾的沉积物，后者并不是真正的毒物，但是它能使触媒表面被覆盖和堵塞，使触媒的活性降低。

　　（4）触媒的机械强度：合成触媒的机械强度是很好的，但是操作人员也不应该过分随便地对待，错误的操作会引起十分急速的温度波动，从而使触媒碎裂。在触媒还原期间，任何急剧的温度变化都应小心防止，据认为在这个期间，触媒对机械粉碎及急剧变化都是特别敏感的。

　　在工厂的原始开车期间，合成触媒的还原是在工厂前面的工序已经接近于设计的条件和设计的流量时才进行的。

　　详细的触媒装填程序详见触媒生产厂，氨合成塔的触媒装填方法。极其重要的是：在触媒装填之前，必须先进行一些试验，氯化物与不锈钢的触媒接触会引起合成塔内件的应力腐蚀脆裂，所以在装填之前，每一批触媒的氯含量都必须加以检验。触媒中允许的最高的水溶性氯的含量为 1.00×10^{-5}，在装触媒的容器有损坏的情况下，可能会带入杂质，所以每一个容器都应当进行检查。

4）合成气中无水液氨的分离

　　在合成塔中生成的氨会很快地达到不利于反应的程序，所以必须连续地从进塔的合成循环气中把它除去，这是用系列的冷却器和氨冷器来冷却循环气，从而把每次通过合成塔时生成的净氨产品冷却下来。循环气进入高压氨分离器时的温度为-21.3 ℃，在-11.7 MPa 的压力下，合成回路中气体里的氨冷凝并过冷到-23.3 ℃以后，循环气中的氨就降至 2.42%，冷凝下来的液氨收集在高压氨分离器（106-F）中，用液位调节器（LC-13）调节后就送去进行产品的最后精制。

5. 氨合成主要设备

1）合成塔

（1）结构特点

　　氨合成塔是合成氨生产的关键设备，作用是使氢氮混合气在塔内催化剂层中合成为氨。由于反应是在高温高压下进行，因此要求合成塔不仅要有较高的机械强度，而且应有高温下抗蠕变和弛豫的能力。同时在高温、高压下，氢、氮对碳钢有明显的腐蚀作用，使合成塔的工作条件更为复杂。

　　氢对碳钢的腐蚀作用包括氢脆和氢腐蚀。所谓氢脆是氢溶解于金属晶格中，使钢材在缓慢变形时发生脆性破坏。所谓氢腐蚀是氢渗透到钢材内部，使碳化物分解并生成甲烷：

$$FeC+2H_2 \longrightarrow 3Fe+CH_4+Q$$

反应生成的甲烷积聚于晶界原有的微观空隙内，形成局部压力过高，应力集中，出现裂纹，并在钢材中聚集而形成鼓泡，从而使钢的结构遭到破坏，机械强度下降。

在高温高压下，氮与钢材中的铁及其他很多合金元素生成硬而脆的氮化物，使钢材的机械性能降低。

为了适应氨合成反应条件，合理解决存在的矛盾，氨合成塔由内件和外筒两部分组成，内件置于外筒之内。进入合成塔的气体（温度较低）先经过内件与外筒之间的环隙，内件外面设有保温层，以减少向外筒散热。因而，外筒主要承受高压（操作压力与大气压之差），但不承受高温，可用普通低合金钢或优质碳钢制成。内件在 500 ℃左右高温下操作，但只承受环系气流与内件气流的压差，一般只有 1~2 MPa，即内件只承受高温不承受高压，从而降低对内件材料和强度的要求。内件一般用合金钢制作，塔径较小的内件也可用纯铁制作。内件由催化剂筐、热交换器、电加热器三个主要部分组成，大型氨合成塔的内件一般不设电加热器，而由塔外加热炉供热。

（2）分类和结构

由于氨合成反应最适宜温度随氨含量的增加而逐渐降低，因而随着反应的进行要在催化剂层采取降温措施。按降温方法不同，氨合成塔可分为以下三类：

① 冷管式。在催化剂层中设置冷却管，用反应前温度较低的原料气在冷管中流动，移出反应热，降低反应温度，同时将原料气预热到反应温度。根据冷管结构不同，又可分为双套管、三套管、单管等不同形式。冷管式合成塔结构复杂，一般用于小型合成氨塔。

② 冷激式。将催化剂分为多层，气体经过每层绝热反应温度升高后，通入冷的原料气与之混合，温度降低后再进入下一层催化剂。冷激式结构简单，但加入未反应的冷原料气，降低了氨合成率，一般多用于大型氨合成塔。

③ 中间换热式。将催化剂分为几层，在层间设置换热器，上一层反应后的高温气体进入换热器降温后，再进入下一层进行反应。

2）合成压缩机

大型氨厂的合成压缩机均采用以汽轮机驱动的离心式压缩机，其机组主要由压缩机主机、驱动机、润滑油系统、密封油系统和防喘振装置组成。

（1）离心式压缩机工作原理

离心式压缩机的工作原理和离心泵类似，气体从中心流入叶轮，在高速转动的叶轮的作用下，随叶轮高速旋转并沿半径方向甩出来。叶轮在驱动机械的带动下旋转，把所得到的机械能转通过叶轮传递给流过叶轮的气体，即离心压缩机通过叶轮对气体作了功。气体一方面受到旋转离心力的作用增加了气体本身的压力，另一方面又得到了很大的动能。气体离开叶轮后，这部分速度能在通过叶轮后的扩压器、回流弯道的过程中转变为压力能，进一步使气体的压力提高。

离心式压缩机中，气体经过一个叶轮压缩后压力的升高是有限的。因此在要求升压较高的情况下，通常都有许多级叶轮一个接一个、连续地进行压缩，直到最末一级出口达到所要求的压力为止。压缩机的叶轮数越多，所产生的总压头也愈大。气体经过压缩后温度升高，当要求压缩比较高时，常常将气体压缩到一定的压力后，从缸内引出，在外设冷却器冷却降温，然后再导入下一级继续压缩。这样依冷却次数的多少，将压缩机分成几段，一个段可以是一级或多级。

（2）离心式压缩机的喘振现象及防止措施

离心压缩机的喘振是操作不当，进口气体流量过小产生的一种不正常现象。当进口气体流量不适当地减小到一定值时，气体进入叶轮的流速过低，气体不再沿叶轮流动，在叶片背面形成很大的涡流区，甚至充满整个叶道而把通道塞住，气体只能在涡流区打转而流不出来。这时系统中的气体自压缩机出口倒流进入压缩机，暂时弥补进口气量的不足。虽然压缩机似乎恢复了正常工作，重新压出气体，但当气体被压出后，由于进口气体仍然不足，上述倒流现象重复出现。这样一种在出口处时而倒吸时而吐出的气流，引起出口管道低频、高振幅的气流脉动，并迅速波及各级叶轮，于是整个压缩机产生噪音和振动，这种现象称为喘振。喘振对机器是很不利的，振动过分会产生局部过热，时间过久甚至会造成叶轮破碎等严重事故。

当喘振现象发生后，应设法立即增大进口气体流量。方法是利用防喘振装置，将压缩机出口的一部分气体经旁路阀回流到压缩机的进口，或打开出口放空阀，降低出口压力。

（3）离心式压缩机的结构

离心式压缩机由转子和定子两大部分组成。转子由主轴、叶轮、轴套和平衡盘等部件组成。所有的旋转部件都安装在主轴上，除轴套外，其他部件用键固定在主轴上。主轴安装在径向轴承上，以利于旋转。叶轮是离心式压缩机的主要部件，其上有若干个叶片，用以压缩气体。

气体经叶片压缩后压力升高，因而每个叶片两侧所受到气体压力不一样，产生了方向指向低压端的轴向推力，可使转子向低压端窜动，严重时可使转子与定子发生摩擦和碰撞。为了消除轴向推力，在高压端外侧装有平衡盘和止推轴承。平衡盘一边与高压气体相通，另一边与低压气体相通，用两边的压力差所产生的推力平衡轴向推力。

离心式压缩机的定子由气缸、扩压室、弯道、回流器、隔板、密封、轴承等部件组成。气缸也称机壳，分为水平剖分和垂直剖分两种形式。水平剖分就是将机壳分成上下两部分，上盖可以打开，这种结构多用于低压。垂直剖分就是筒形结构，由圆筒形本体和端盖组成，多用于高压。气缸内有若干隔板，将叶片隔开，并组成扩压器和弯道、回流器。

为了防止级间窜气或向外漏气，都设有级间密封和轴密封。

离心式压缩机的辅助设备有中间冷却器、气液分离器和油系统等。

（4）汽轮机的工作原理

汽轮机又称为水蒸气透平，是用水蒸气做功的旋转式原动机。进入汽轮的高温、高压水蒸气，由喷嘴喷出，经膨胀降压后，形成的高速气流按一定方向冲动汽轮机转子上的动叶片，带动转子按一定速度均匀地旋转，从而将水蒸气的能量转变成机械能。

由于能量转换方式不同，汽轮机分为冲动式和反动式两种。在冲动式中，水蒸气只在喷嘴中膨胀，动叶片只受到高速气流的冲动力。在反动式汽轮机中，水蒸气不仅在喷嘴中膨胀，而且还在叶片中膨胀，动叶片既受到高速气流的冲动力，同时也受到水蒸气在叶片中膨胀时产生的反作用力。

根据汽轮机中叶轮级数不同，可分为单级或多级两种。按热力过程不同，汽轮机可分为背压式、凝汽式和抽气凝汽式。背压式汽轮机的水蒸气经膨胀做功后以一定的温度和压力排出汽轮机，可继续供工艺使用；凝汽式水蒸气轮机的进气在膨胀做功后，全部排入冷凝器凝结为水；抽气凝汽式汽轮机的进气在膨胀做功时，一部分水蒸气在中间抽出去作为其他用，其余部分继续在气缸中做功，最后排入冷凝器冷凝。

3）装置流程说明

（1）合成系统

从甲烷化来的新鲜气[40 ℃、2.6 MPa、$n(H_2)/n(N_2)=3:1$]先经压缩前分离罐（104-F）进合成气压缩机（103-J）低压段，在压缩机的低压缸将新鲜气体压缩到合成所需要的最终压力的1/2左右。出低压段的新鲜气先经106-C用甲烷化进料气冷却至93.3 ℃，再经水冷器（116-C）冷却至38 ℃，最后经氨冷器（129-C）冷却至7 ℃，后与氢回收来的氢气混合进入中间分离罐（105-F），从中间分离罐出来的氢氮气再进合成气压缩机高压段。

合成回路来的循环气与经高压段压缩后的氢氮气混合进压缩机循环段，从循环段出来的合成气进合成系统水冷器（124-C）。高压合成气自最终冷却器124-C出来后，分两路继续冷却，第一路串联通过原料气和循环气一级和二级氨冷器117-C和118-C的管侧，冷却介质都是冷冻用液氨；另一路通过就地的MIC-23节流后，在合成塔进气和循环气换热器120-C的壳侧冷却；两路会合后，又在新鲜气和循环气三级氨冷器119-C中用三级液氨闪蒸槽112-F来的冷冻用液氨进行冷却，冷却至-23.3 ℃。冷却后的气体经过水平分布管进入高压氨分离器（106-F），在前几个氨冷器中冷凝下来的循环气中的氨就在106-F中分出，分离出来的液氨送往冷冻中间闪蒸槽（107-F）。从氨分离器出来后，循环气就进入合成塔进气-新鲜气和循环气换热器120-C的管侧，从壳侧的工艺气体中取得热量，然后又进入合成塔进气-出气换热器（121-C）的管侧，再由HCV-11控制进入合成塔（105-D），在121-C管侧的出口处分析气体成分。

SP-35是一专门的双向降爆板装置，是用来保护121-C的换热器，防止换热器的一侧卸压导致压差过大而引起破坏。

合成气进气由合成塔 105-D 的塔底进入，自下而上地进入合成塔，经由 MIC-13 直接到第一层触媒的入口，用以控制该处的温度。这一进路有一个冷激管线，两个进层间换热器副线可以控制第二、第三层的入口温度，必要时可以分别用 MIC-14、15 和 16 进行调节。气体经过最底下一层触媒床后，又自下而上地把气体导入内部换热器的管侧，把热量传给进来的气体，再由 105-D 的顶部出口引出。

合成塔出口气进入合成塔-锅炉给水换热器 123-C 的管侧，把热量传给锅炉给水，接着又在 121-C 的壳侧与进塔气换热而进一步被冷却，最后回到 103-J 高压缸循环段（最后一个叶轮）而完成了整个合成回路。

合成塔出来的气体有一部分是从高压吹出气分离缸 108-F 经 MIC-18 调节并用 Fl-63 指示流量后，送往氢回收装置或送往一段转化炉燃料气系统。从合成回路中排出气是为了控制气体中的甲烷化和氩的浓度，甲烷和氩在系统中积累多了会使氨的合成率降低。吹出气在进入分离罐 108-F 以前先在氨冷器 125-C 冷却，由 108-F 分出的液氨送低压氨分离器 107-F 回收。

合成塔备有一台开工加热炉（102-B），它是用于开工时把合成塔引温至反应温度，开工加热炉的原料气流量由 FI-62 指示。另外，它还设有一低流量报警器 FAL-85 与 FI-62 配合使用，MIC-17 调节 102-B 燃料气量。

（2）冷冻系统

合成来的液氨进入中间闪蒸槽（107-F），闪蒸出的不凝性气体通过 PICA-8 排出作为燃料气送一段炉燃烧。分离器 107-F 装有液面指示器 LI-12。液氨减压后由液位调节器 LICA-12 调节进入三级闪蒸罐（112-F）进一步闪蒸，闪蒸后作为冷冻用的液氨进入系统中。冷冻的一、二、三级闪蒸罐操作压力分别为：0.4 MPa（G）、0.16 MPa（G）、0.0028 MPa（G），三台闪蒸罐与合成系统中的第一、二、三氨冷器相对应，它们是按热虹吸原理进行冷冻蒸发循环操作的。液氨由各闪蒸罐流入对应的氨冷器，吸热后的液氨蒸发形成的气液混合物又回到各闪蒸罐进行气液分离，气氨分别进氨压缩机（105-J）各段气缸，液氨分别进各氨冷器。

由液氨接收槽（109-F）来的液氨逐级减压后补入各闪蒸罐。一级闪蒸罐（110-F）出来的液氨除送第一氨冷器（117-C）外，另一部分作为合成气压缩机（103-J）一段出口的氨冷器（129-C）和闪蒸罐氨冷器（126-C）的冷源。氨冷器（129-C）和（126-C）蒸发的气氨进入二级闪蒸罐（111-F），110-F 多余的液氨送往 111-F。111-F 的液氨除送第二氨冷器（118-C）和弛放气氨冷器（125-C）作为冷冻剂外，其余部分送往三级闪蒸罐（112-F）。112-F 的液氨除送 119-C 外，还可以由冷氨产品泵（109-J）作为冷氨产品送液氨储槽储存。

由三级闪蒸罐（112-F）出来的气氨进入氨压缩机（105-J）一段压缩，一段出口与

111-F 来的气氨汇合进入二段压缩，二段出口气氨先经压缩机中间冷却器（128-C）冷却后，与 110-F 来的气氨汇合进入三段压缩，三段出口的气氨经氨冷凝器（127-CA、CB），冷凝的液氨进入接收槽（109-F）。109-F 中的闪蒸气去闪蒸罐氨冷器（126-C），冷凝分离出来的液氨流回 109-F，不凝气作燃料气送一段炉燃烧。109-F 中的液氨一部分减压后送至一级闪蒸罐（110-F），另一部分作为热氨产品经热氨产品泵（1-3P-1，2）送往尿素装置。

4）复杂控制说明

在装置发生紧急事故，无法维持正常生产时，为控制事故的发展，避免事故蔓延发生恶性事故，确保装置安全，并能在事故排除后及时恢复生产。

（1）在装置正常生产过程中，自保切换开关应在"AUTO"位置，表示自保投用。

（2）开车过程中，自保切换开关在"BP（Bypass）"位置，表示自保摘除。

自保值见表 2-1。

表 2-1　自保值

自保名称	自保值
LSH109	90
LSH111	90
LSH116	80
LSH118	80
LSH120	60
PSH840	25.9
PSH841	25.9
FSL85	25 000

三、操作规程

（一）冷态开车

1. 合成系统开车

（1）投用 104F 液位联锁 LSH109；

（2）投用 105F 液位联锁 LSH111；

（3）显示合成塔压力的仪表换为低量程表 L（现场合成塔旁）；

（4）全开 VX0015，投用 124-C；

（5）全开 VX0016，投用 123-C；

（6）开防爆阀 SP35 前阀 VV077；

（7）开 SP35 后阀 VV078 投用 SP35；

（8）开 SP71，引氢氮气；

（9）在辅助控制面板上按复位按钮后启动 103-J（现场启动按钮）；

（10）打开 PRC6 调节压缩机转速；

（11）开泵 117-J 注液氨（在冷冻系统图的现场画面）；

（12）开 MIC23，把工艺气引入合成塔 105-D，合成塔充压；

（13）开 HCV11，把工艺气引入合成塔 105-D，合成塔充压；

（14）开 SP1 副线阀 VX0036；

（15）逐渐关小防喘振阀 FIC7；

（16）逐渐关小防喘振阀 FIC8；

（17）逐渐关小防喘振阀 FIC14；

（18）开 SP72（在合成塔图画面上）；

（19）开 SP72 前旋塞阀 VX0035；

（20）压力达到 1.4 MPa 后换高量程压力表 H；

（21）开 SP1；

（22）关 SP1 副线阀 VX0036；

（23）关 SP72；

（24）关 SP72 前旋塞阀 VX0035；

（25）关 HCV-11；

（26）打开 PIC194 前阀 MIC18；

（27）PIC-194，投自动（108-F 出口调节阀）；

（28）PIC-194 设定值设定在 10.5 MPa；

（29）开入 102-B 旋塞阀 VV048；

（30）开 SP70；

（31）开 SP70 前旋塞阀 VX0034，使工艺气循环起来；

（32）开 108-F 顶 MIC18 阀（开度为 100%）；

（33）投用 102-B 联锁 FSL85；

（34）102B 点火；

（35）打开 MIC17 调整炉膛温度；

（36）开阀 MIC14 控制二段出口温度在 420 ℃；

（37）开阀 MIC15 控制控制三段入口温度在 380 ℃；

（38）开阀 MIC16 控制三段入口温度在 380 ℃；

（39）停泵 117-J，停止向合成系统注液氨；

（40）PICA-8 投自动；

（41）PICA-8 设定值设定在 1.68MPa；

（42）LICA-14 投自动；

（43）LICA-14 设定值设定在 50%；

（44）LICA-13 投自动；

（45）LICA-13 设定值设定在 50%；

（46）合成塔入口温度达到 380 ℃后，关闭 MIC17；

（47）102-B 熄火；

（48）开 HCV11；

（49）关入 102-B 旋塞阀；

（50）开 MIC-13 调节合成塔入口温度在 401 ℃。

2. 冷冻系统开车

（1）投用 110F 液位联锁 LSH116；

（2）投用 111F 液位联锁 LSH118；

（3）投用 112F 液位联锁 LSH120；

（4）投用 PSH840 联锁；

（5）投用 PSH841 联锁；

（6）全开 VX0017，投用 127-C；

（7）PIC-7 投自动；

（8）PIC-7SP 设定 1.4 MPa；

（9）打开氨库来阀门 VV066，109F 引氨，建立 50%液位；

（10）开制冷阀 VX0005；

（11）开制冷阀 VX0006；

（12）开制冷阀 VX0007；

（13）在辅助控制面板上按复位按钮后启动 105-J；

（14）开出口总阀 VV084；

（15）开 127-C 壳侧排放阀 VV067；

（16）打开 LICA15 建立 110-F 液位；

（17）开 VV086；

（18）开阀 LCV16（打开 LICA16）建立 111-F 液位；

（19）开阀 LCV16（打开 LICA16）建立 111-F 液位；

（20）开阀 LCV18（LICA18）建立 112-F 液位；

（21）开阀 LCV18（LICA18）建立 112-F 液位；

（22）开阀 VV085，投用 125-C；

（23）开 MIC-24，向 111-F 送氨；

（24）开 LICA12 向 112-F 送氨；

（25）关制冷阀 VX0005；

（26）关制冷阀 VX0006；

（27）关制冷阀 VX0007；

（28）启动 109-J；

（29）启动 1-3P。

3. 扣分步骤

（1）106-F 液位高于 90%；

（2）109-F 液位高于 90%；

（3）107-F 液位高于 90%；

（4）110-F 液位高于 90%；

（5）111-F 液位高于 90%；

（6）112-F 液位高于 90%。

4. 质量评分

（1）一段入口温度控制；

（2）二段入口温度控制；

（3）三段入口温度控制；

（4）106-F 液位控制；

（5）109-F 液位控制；

（6）107-F 液位控制；

（7）110-F 液位控制；

（8）111-F 液位控制；

（9）112-F 液位控制；

（10）109-F 压力控制；

（11）104-F 压力控制；

（12）112-F 压力控制。

（二）正常操作规程

合成岗位主要指标见表 2-2 至表 2-4。

表 2-2　温度设计值

序号	位号	说　明	设计值/℃
1	TR6-15	出 103-J 二段工艺气温度	120
2	TR6-16	入 103-J 一段工艺气温度	40
3	TR6-17	工艺气经 124-C 后温度	38
4	TR6-18	工艺气经 117-C 后温度	10
5	TR6-19	工艺气经 118-C 后温度	-9
6	TR6-20	工艺气经 119-C 后温度	-23.3

续表

序号	位号	说　明	设计值/℃
7	TR6-21	入 103-J 二段工艺气温度	38
8	TI1-28	工艺气经 123-C 后温度	166
9	TI1-29	工艺气进 119-C 温度	−9
10	TI1-30	工艺气进 120-C 温度	−23.3
11	TI1-31	工艺气出 121-C 温度	140
12	TI1-32	工艺气进 121-C 温度	23.2
13	TI1-35	107-F 罐内温度	−23.3
14	TI1-36	109-F 罐内温度	40
15	TI1-37	110-F 罐内温度	4
16	TI1-38	111-F 罐内温度	−13
17	TI1-39	112-F 罐内温度	−33
18	TI1-46	合成塔一段入口温度	401
19	TI1-47	合成塔一段出口温度	480.8
20	TI1-48	合成塔二段中温度	430
21	TI1-49	合成塔三段入口温度	380
22	TI1-50	合成塔三段中温度	400
23	TI1-84	开工加热炉 102-B 炉膛温度	800
24	TI1-85	合成塔二段中温度	430
25	TI1-86	合成塔二段入口温度	419.9
26	TI1-87	合成塔二段出口温度	465.5
27	TI1-88	合成塔二段出口温度	465.5
28	TI1-89	合成塔三段出口温度	434.5
29	TI1-90	合成塔三段出口温度	434.5
30	TR1-113	工艺气经 102-B 后进塔温度	380
31	TR1-114	合成塔一段入口温度	401
32	TR1-115	合成塔一段出口温度	480
33	TR1-116	合成塔二段中温度	430
34	TR1-117	合成塔三段入口温度	380
35	TR1-118	合成塔三段中温度	400
36	TR1-119	合成塔塔顶气体出口温度	301
37	TRA1-120	循环气温度	144
38	TR5-（13-24）	合成塔 105-D 塔壁温度	140.0

表 2-3　重要压力设计值

序号	位号	说明	设计值/MPa
1	PI59	108-F 罐顶压力	10.5
2	PI65	103-J 二段入口流量	6.0
3	PI80	103-J 二段出口流量	12.5
4	PI58	109-J/JA 后压	2.5
5	PR62	1-3P-1/2 后压	4.0
6	PDIA62	103-J 二段压差	5.0

表 2-4　重要流量设计值

序号	位号	说　明	设计值/（kg/h）
1	FR19	104-F 的抽出量	11 000
2	FI62	经过开工加热炉的工艺气流量	60 000
3	FI63	弛放氢气量	7500
4	FI35	冷氨抽出量	20 000
5	FI36	107-F 到 111-F 的液氨流量	3600

（三）正常停车

指系统因故障或大修计划性长期停车，按照切气、停泵、泄压、置换的原则。

1. 合成系统停车

（1）关 MIC18，关弛放气；

（2）停泵 1-3P-1；

（3）工艺气由 MIC-25 放空，103-J 降转速；

（4）打开 FIC14，注意防喘振；

（5）打开 FIC7，注意防喘振；

（6）打开 FIC8，注意防喘振；

（7）合成塔降温；

（8）106-F LICA-13 达 5%时，关 LICA-13；

（9）108-F LICA-14 达 5%时，关 LICA-14；

（10）关 SP-1；

（11）关 SP-70；

（12）关 125-C；

（13）关 129-C；

（14）停 103-J。

2. 冷冻系统停车

（1）105-J 退转速，打开 FIC9；

（2）105-J 退转速，打开 FIC10；

（3）105-J 退转速，打开 FIC11；

（4）关 MIC-24；

（5）LICA-12 达 5%时关 LCV-12；

（6）稍开制冷阀 VX0005，提高温度，蒸发剩余液氨；

（7）稍开制冷阀 VX0006，提高温度，蒸发剩余液氨；

（8）稍开制冷阀 VX0007，提高温度，蒸发剩余液氨；

（9）待 LICA-19 达 5%时，停泵 109-J；

（10）停 105-J。

3. 扣分步骤

（1）106-F 液位高于 90%；

（2）109-F 液位高于 90%；

（3）107-F 液位高于 90%；

（4）110-F 液位高于 90%；

（5）111-F 液位高于 90%；

（6）112-F 液位高于 90%。

四、事故及处理方法

1. 105-J 跳车

现象：（1）FIC-9，FIC-10，FIC-11 全开；

（2）LICA-15，LICA-16，LICA-18，LICA-19 逐渐下降。

原因：105-J 跳车。

处理：（1）停 1-3P-1/2，关出口阀；

（2）全开 FCV14、7、8，开 MIC25 放空，103-J 降转速（此处无需操作）；

（3）按 SP-1A，SP-70A；

（4）关 MIC-18、MIC-24，氢回收去 105-F 截止阀；

（5）LCV13、14、12 手动关掉；

（6）关 MIC13、14、15、16，HCV1，MIC23；

（7）停 109-J，关出口阀；

（8）LCV15、LCV16A/B、LCV18A/B、LCV19 置手动关。

2. 1-3P-1（2）跳车

现象：109-F 液位 LICA15 上升。

原因：1-3P-1（2）跳车。

处理：（1）打开 LCV15，调整 109-F 液位。

　　　（2）启动备用泵。

3. 103-J 跳车

现象：（1）SP-1、SP-70 全关；

　　　（2）FIC-7、FIC-8、FIC-14 全开；

　　　（3）PCV-182 开大。

原因：103-J 跳车。

处理：（1）打开 MIC25，调整系统压力；

　　　（2）关闭 MIC18、MIC24，氢回收去 105-F 截止阀；

　　　（3）105-J 降转速，冷冻调整液位；

　　　（4）停 1-3P，关出口阀；

　　　（5）关 MIC13、14、15、16，HCV1，MIC23；

　　　（6）切除 129-C，125-C；

　　　（7）停 109-J，关出口阀。

思考题

1. 合成工段的原理是什么？

2. 简述合成工段的工艺流程。

3. 105-J 跳车故障有何现象？应如何处理？

实验二　转化工段仿真

一、实验目的

（1）了解转化工段的原理及工艺流程。

（2）掌握转化工段的操作规程。

（3）掌握转化工段工艺中常见事故的主要现象和处理方法。

二、工艺流程简介

1. 概　述

制取合成氨原料气的方法主要有以下几种：① 固体燃料气法；② 重油气法；③ 气态烃法。其中气态烃法又有水蒸气转化法和间歇催化转化法。本仿真软件是针对水蒸气转化法制取合成氨原料气而设计的。

制取合成氨原料气所用的气态烃主要是天然气（甲烷、乙烷、丙烷等）。水蒸气转化法制取合成氨原料气分两段进行，首先在装有催化剂（镍触媒）的一段炉转化管内，水蒸气与气态烃进行吸热的转化反应，反应所需的热量由管外烧嘴提供。一段转化反应方程式如下：

$$CH_4+H_2O \rightleftharpoons CO+3H_2 - 206.4 \ kJ/mol$$

$$CH_4+2H_2O \rightleftharpoons CO_2+4H_2 - 165.1 \ kJ/mol$$

气态烃转化到一定程度后，送入装有催化剂的二段炉，同时加入适量的空气和水蒸气，与部分可燃性气体燃烧提供进一步转化所需的热量，所生成的氮气作为合成氨的原料。二段转化反应方程式如下：

（1）催化床层顶部空间的燃烧反应

$$2H_2 + O_2 \rightleftharpoons 2H_2O(g) + 484 \ kJ/mol$$

$$CO+ O_2 \rightleftharpoons CO_2 + 566 \ kJ/mol$$

（2）催化床层的转化燃烧反应

$$CH_4+H_2O \rightleftharpoons CO+3H_2 - 206.4 \ kJ/mol$$

$$CH_4+ CO_2 \rightleftharpoons 2CO+2H_2 - 247.4 \ kJ/mol$$

二段炉的出口气中含有大量的 CO，这些未变换的 CO 大部分在变换炉中氧化成 CO_2，从而提高了 H_2 的产量。变换反应方程式如下：

$$CO + H_2O \rightleftharpoons CO_2 + H_2 + 566 \text{ kJ/mol}$$

2. 原料气脱硫

原料天然气中含有 6.0×10^{-6} 左右的硫化物，这些硫化物可以通过物理的和化学的方法脱除。天然气首先在原料气预热器（141-C）中被低压水蒸气预热，流量由 FR30 记录，温度由 TR21 记录，压力由 PRC1 调节，预热后的天然气进入活性炭脱硫槽（101-DA 、102-DA 一用一备）进行初脱硫。然后进用水蒸气透平驱动的单缸离心式压缩机（102-J），压缩到所要求的操作压力。

压缩机设有 FIC12 防喘振保护装置，当在低于正常流量的条件下进行操作时，它可以把某一给定量的气体返回气水冷器（130-C），冷却后送回压缩机的入口。经压缩后的原料天然气在一段炉（101-B）对流段低温段加热到 230 ℃（TIA37）左右与 103-J 段间来氢混合后，进入 Co-Mo 加氢和氧化锌脱硫槽（108-D），经脱硫后，天然气中的总硫含量降到 5×10^{-7} 以下，用 AR4 记录。

3. 原料气的一段转化

脱硫后的原料气与压力为 3.8 MPa 的中压水蒸气混合，水蒸气流量由 FRCA2 调节。混合后的水蒸气和天然气以物质的量之比 4∶1 的比例通过一段炉（101-B）对流段高温段预热后，送到 101-B 辐射段的顶部，气体从一根总管被分配到八根分总管，分总管在炉顶部平行排列，每一根分总管中的气体又经猪尾管自上而下地被分配到 42 根装有触媒的转化管中。原料气在一段炉（101-B）辐射段的 336 根触媒反应管进行水蒸气转化，管外由顶部的 144（仿真中为 72）个烧嘴提供反应热，这些烧嘴是由 MIC1 ~ MIC9 来调节的。经一段转化后，气体中残余甲烷在 10%（AR1-4）左右。

4. 转化气的二段转化

一段转化气进入二段炉（103-D），在二段炉中同时送入工艺空气，工艺空气来自空气压缩机（101-J），压缩机有两个缸。从压缩机最终出口管送往二段炉的空气量由 FRC3 调节，工艺空气可以由于电动阀 SP3 的动作而停止送往二段炉。工艺空气在电动阀 SP3 的后面与少量的中压水蒸气汇合，然后通过 101-B 对流段预热。水蒸气量由 FI51 计量，由 MIC19 调节，这股水蒸气是为了在工艺空气中断时保护 101-B 的预热盘管。开工旁路（LLV37）不通过预热盘，以避免二段转化触媒在用空气升温时工艺空气过热。

工艺气从 103-D 的顶部向下通过一个扩散环而进入炉子的燃烧区，转化气中的 H_2 和空气中的氧燃烧产生的热量供给转化气中的甲烷在二段炉触媒床中进一步转化，出二段炉的工艺气残余甲烷含量（AR1-3）在 0.3%左右，经并联的两台第一废热锅炉（101-CA/B）回收热量，再经第二废热锅炉（102-C）进一步回收余热后，送去变换炉 104-D。废锅炉的管侧是来自 101-F 的锅炉水。102-C 有一条热旁路，通过 TRC10 调节变换炉 104-D 的进口温度（370 ℃左右）。

5. 变 换

变换炉 104-D 由高变和低变两个反应器，中间用蝶形头分开，上面是高变炉，下面是低变炉。低变炉底部有水蒸气注入管线，供开车时以及短期停车时触媒保温用。从第二废热锅炉（102-C）来的转化气含有 12%～14%的 CO，进入高变炉，在高变触媒的作用下将部分 CO 转化成 CO_2，经高温变换后 CO 含量降到 3%（AR9）左右，然后经第三废热锅炉（103-C）回收部分热能，传给来自 101-F 的锅炉水，气体从 103-C 出来，进换热器（104-C）与甲烷化炉进气换热，从而得到进一步冷却。104-C 之前有一放空管，供开车和发生事故时高变出口气放空用的，由电动阀 MIC26 控制。103-C 设置一旁路，由 TRC11 调节低变炉入口温度。进入低变炉在低变触媒的作用下将其余 CO 转化为 CO_2，出低变炉的工艺气中 CO 含量为 0.3%（AR10）左右。开车或发生事故时气体可不进入低变炉，它是通过关闭低变炉进气管上的 SP4、打开 SP5 实现的。

6. 水蒸气系统

合成氨装置开车时，将从界外引入 3.8 MPa、327 ℃的中压水蒸气约 50 t/h。辅助锅炉和废热锅炉所用的脱盐水从水处理车间引入，用并联的低变出口气加热器（106-C）和甲烷化出口气加热器（134-C）预热到 100 ℃左右，进入除氧器（101-U）脱氧段，在脱氧段用低压水蒸气脱除水中溶解氧后，然后在储水段加入二甲基酮肟除去残余溶解氧。最终溶解氧含量小于 $7×10^{-12}$。

除氧水加入氨水调节 pH 至 8.5~9.2，经锅炉给水泵 104-J/JA/JB 经并联的合成气加热器（123-C），甲烷化气加热器（114-C）及一段炉对流段低温段锅炉给水预热盘管加热到 295 ℃（TI1-44）左右进入汽包（101-F），同时在汽包中加入磷酸盐溶液，汽包底部水经 101-CA/CB、102-C、103-C 一段炉对流段低温段废热锅炉及辅助锅炉加热部分汽化后进入汽包，经汽包分离出的饱和水蒸气在一段炉对流段过热后送至 103-JAT，经 103-JAT 抽出 3.8 MPa、327 ℃中压水蒸气，供各中压水蒸气用户使用。103-JAT 停运时，高压水蒸气经减压，全部进入中压水蒸气管网；中压水蒸气一部分供工艺使用、一部分供凝汽透平使用，其余供背压透平使用；并产生低压水蒸气，供 111-C、101-U 使用，其余为伴热使用在这个工段中。缩合/脱水反应是在三个串联的反应器中进行的，接着是一台分层器，用来把有机物从液流中分离出来。

7. 燃料气系统

从天然气增压站来的燃料气经 PRC34 调压后，进入对流段第一组燃料预热盘管预热。预热后的天然气，一路进一段炉辅锅炉 101-UB 的三个燃烧嘴（DO121、DO122、DO123），流量由 FRC1002 控制，在 FRC1002 之前有一开工旁路，流入辅锅的点火总管（DO124、DO125、DO126），压力由 PCV36 控制；另一路进对流段第二组燃料预热盘管预热，预热后的燃料气作为一段转化炉的 8 个烟道烧嘴（DO113~DO120）、144 个顶部烧嘴（DO001~DO072）以及对流段 20 个过热烧嘴（DO073~DO092）的燃料。去烟道烧嘴气量由 MIC10 控制，顶部烧嘴气量分别由 MIC1~MIC9 等 9 个阀控制，过热烧嘴气量由 FIC1237 控制。

三、操作规程

（一）冷态开车

1. 建立 101-U 液位

（1）开预热器 106-C、134-C 现场入口总阀 LVV08；

（2）开入 106-C 阀 LVV09；

（3）开入 134-C 阀 LVV10；

（4）开 106-C、134-C 出口总阀 LVV13；

（5）开 LICA23；

（6）现场开 101-U 底排污阀 LCV24；

（7）当 LICA23 达 50%投自动。

2. 建立 101-F 液位（水蒸气系统图）

（1）现场开 101-U 顶部放空阀 LVV20。

（2）现场开低压水蒸气进 101-U 阀 PCV229。

（3）开阀 LVV24，加 DMKO，以利分析 101-U 水中氧含量。

（4）开 104-J 出口总阀 MIC12。

（5）开 MIC1024。

（6）开 SP-7（在辅操台按 "SP-7 开" 按钮）。

（7）开阀 LVV23 加 NH_3。

（8）开 104-J/JB（选一组即可）：

① 开入口阀 LVV25/LVV36；

② 开平衡阀 LVV27/LVV37；

③ 开回流阀 LVV26/LVV30；

④ 开 104-J 的透平 MIC-27/28，启动 104-J/JB；

⑤ 开 104-J 出口小旁路阀 LVV29/LVV32，控制 LR1（即 LRCA76 50%投自动）在 50%，可根据 LICA23 和 LRCA76 的液位情况而开启 LVV28/LVV31。

（9）LRCA76 接近 50%时，投自动，设为 50%。

（10）开 156-F 放空口阀 LVV05。

（11）开 156-F 的入口阀 LVV04。

（12）将 LICA102 投自动，设为 50%。

（13）开 DO164，投用换热器 106-C、134-C、103-C、123-C。

3. 101-BU 点火（一段转化图、点火图）

（1）开风门 MIC30；

（2）开风门 MIC31-1、MIC31-2、MIC31-3、MIC31-4；

（3）开 AICRA8；

（4）开 PICA21，控制辅锅炉膛负压在-60 Pa 左右；

（5）全开顶部烧嘴风门 LLV71 ～ LLV87（点火现场）；

（6）开一段炉引风机 101-BJ 的开关 DO095；

（7）开 PRCA19，控制在-50 Pa 左右；

（8）到辅操台，按"启动风吹"按钮；

（9）到辅操台把 101-B 工艺总联锁开关打旁路；

（10）开燃料气进料截止阀 LLV160；

（11）在燃料气系统图上开 PCV36；

（12）将 PRC34 投自动，设为 0.8 MPa；

（13）开点火烧嘴考克阀 DO124；

（14）开点火烧嘴考克阀 DO125；

（15）开点火烧嘴考克阀 DO126；

（16）按点火启动按钮 DO216；

（17）按点火启动按钮 DO217；

（18）按点火启动按钮 DO218；

（19）开主火嘴考克阀 DO121；

（20）开主火嘴考克阀 DO122；

（21）开主火嘴考克阀 DO123；

（22）开 FRC1002；

（23）全开 MIC1284；

（24）全开 MIC1274；

（25）全开 MIC1264；

（26）到辅操台上按"XV-1258 复位"按钮；

（27）到辅操台上按"101-BU 主燃料气复位"按钮；

（28）稍开 101-F 顶部放空阀 LVV02；

（29）产气后开 LVV14，加 Na_3PO_4；

（30）当 PI90>0.4 MPa 时，开过热水蒸气总阀 LVV03 控制升压；

（31）关 101-F 顶部放空阀 LVV02。

4. 108-D 升温（一段转化图）

（1）开 101-DA/102-DA（选一即可）

① 全开 101-DA/102-DA 进口阀 LLV204/LLV05；

② 全开 101-DA/102-DA 出口阀 LLV06/LLV07。

（2）全开 102-J 大副线现场阀 LLV15；

（3）在辅操台上按"SP-2 开"按钮；

（4）稍开 102-J 出口流量控制阀 FRCA1；

（5）全开 108-D 入口阀 LLV35；

（6）现场全开入界区 NG 大阀 LLV201；

（7）稍开原料气入口压力控制器 PRC1；

（8）开 108-D 出口放空阀 LLV48；

（9）将 FRCA1 缓慢提升至 30%；

（10）开 141-C 的低压水蒸气 TIC22L，将 TI1-1 加热到 40～50 ℃。

5. 空气升温（二段转化）

（1）开二段转化炉 103-D 工艺气出口阀 HIC8；

（2）开 TRCA10；

（3）开 TRCA11；

（4）开 LLV14，投 101-J 段间换热器；

（5）开 LLV21，投 101-J 段间换热器；

（6）开 LLV22，投 101-J 段间换热器；

（7）开 LLV24；

（8）到辅操台上按"FCV-44 复位"按钮；

（9）全开空气入口阀 LLV13；

（10）开 101-J 透平 SIC101；

（11）到辅操台上按"101-J 启动复位"按钮；

（12）开空气升温阀 LLV41，充压；

（13）渐开 MIC26，保持 PI63<0.3 MPa；

（14）开 SP3 旁路阀 LLV39，加热 103-D；

（15）到辅操台上按"101-B 燃料气复位"按钮；

（16）开阀 LLV102（燃料气系统现场）；

（17）开炉顶烧嘴燃料气控制阀 MIC1～MIC9；

（18）开点火枪 DO207～DO215；

（19）开顶部烧嘴考克阀 DO001～DO072。

6. MS 升温（二段转化）

（1）到辅操台上按"SP6 开"按钮；

（2）渐关空气升温阀 LLV41；

（3）开阀 LLV42，开通 MS 进 101-B 的线路；

（4）开 FRCA2，根据 TR1-109、TR80/83 来调节；

（5）到辅操台按"停 101-J"按钮；

（6）开 MIC19，向 103-D 进中压水蒸气，根据 TR1-109、TR80/83 来调节；

（7）当 TI109 达到 200 ℃时，开阀 LLV30，加氢。

7. 投料（脱硫图）

（1）开阀 LLV16，投用 102-J 段间冷凝器 130-C 的 CW 水；

（2）开 102-J 防喘震控制阀 FIC12；

（3）开 PRC69，投自动，设为 1.8 MPa 左右；

（4）全开 102-J 出口阀 LLV18；

（5）开 102-J 透平控制阀 PRC102；

（6）到辅操台上按"102-J 启动复位"按钮；

（7）关 102-J 大副线现场阀 LLV15；

（8）当 PRC102>103-D 压力后，渐开 108-D 入炉阀 LLV46；

（9）渐关 108-D 出口放空 LLV48，投料至 FRCA1 在 30%。

8. 加空气（二段转化及高低变）

（1）到辅操台上按"停 101-J"按钮，使该按钮处于不按下状态，否则无法启动 101-J；

（2）到辅操台上按"启动 101-J 复位"按钮；

（3）到辅操台上按"SP-3 开"按钮；

（4）渐关 SP-3 副线阀 LLV39；

（5）各床层温度正常后（一段炉 TR1-105 控制在 853 ℃左右，二段炉 TI1-108 控制在 1100 ℃左右，高变 TR1-109 控制在 400 ℃），先开 SP-5 旁路均压后，再到辅操台按"SP-5"按钮，然后关 SP-5 旁路，调整 PI-63 到正常压力 2.92 MPa；

（6）逐渐关小 MIC26 至关闭。

9. 联低变

（1）开 SP-4 副线阀 LLV103，充压；

（2）全开低变出口大阀 LLV153；

（3）到辅操台按"SP-4 开"按钮；

（4）关 SP-4 副线阀 LLV103；

（5）到辅操台按"SP-5 关"按钮。

10. 其 他

（1）开 DO094，开一段炉鼓风机 101-BJA；

（2）开 PICAS103，达 1147 kPa 时投自动；

（3）开辅锅进风量调节 FIC1003；

（4）开过热烧嘴风量控制 FIC1004；

（5）到辅操台上按"过热烧嘴燃料气复位"按钮；

（6）开过热烧嘴考克阀 DO073 ~ DO092；

（7）开燃料气去过热烧嘴流量控制器 FIC1237；

（8）开阀 LLV161；

（9）到辅操台上按"过热烧嘴复位"按钮；

（10）到辅操台按"FAL67-加氢"按钮，加 H_2；

（11）关事故风门 MIC30；

（12）关事故风门 MIC31-1、MIC31-2、MIC31-3、MIC31-4；

（13）到辅操台上将 101-B 总连锁选择打连锁；

（14）开进烟道烧嘴燃料气控制 MIC10；

（15）开烟道烧嘴点火枪 DO219；

（16）开烟道烧嘴考克阀 DO113 ~ DO120。

11. 调至平衡

（1）将 PRC1 调至 1.82 MPa，投自动；

（2）将 PRC102 调至 3.86 MPa，投自动；

（3）将 TIC22L 调至 45 ℃，投自动；

（4）将 FRCA1 调至 24 556 m^3/h，投自动；

（5）将 FRCA2 调至 67 000 m^3/h，投自动；

（6）将 PRCA19 调至-50 Pa，投自动；

（7）将 PRC1018 调至 10.6 MPa，投自动；

（8）将 FRC1002 调至 2128 m^3/h，投自动；

（9）将 FIC1003 调至 7611 m^3/h，投自动；

（10）将 FIC1004 调至 15 510 m^3/h，投自动；

（11）将 AICRA8 调至 3%，投自动；

（12）将 TRCA1238 调至 445 ℃，投自动；

（13）将 FIC1237 调至 320 m^3/h，投自动；

（14）将 TRCA10 调至 370 ℃，投自动；

（15）将 TRCA11 调至 240 ℃，投自动；

（16）将 PICA21 调至-60 Pa，投自动。

12. 质量评分

（1）辅锅炉炉膛压力 PICA21；

（2）101-B 烟道压力 PRCA19；

（3）原料气温度 TI1-1；

（4）101-J 出口压力 PR112；

（5）101-B 氧含量 AICRA8；

（6）101-BU 氧含量 AICRA6；

（7）脱硫天然气中的总硫含量 AR4；

（8）一段转化炉出口气体中残余甲烷含量 AR1-4；

（9）出低变炉的工艺气中 CO 含量 AR10；

（10）汽包 101-BU 蒸气压 PI90；

（11）高变入口温度 TRCA10；

（12）低变入口温度 TRCA11；

（13）出二段炉的工艺气残余甲烷含量 AR1-3；

（14）进低温变换炉原料气中 CO 含量 AR9；

（15）将除氧器 101-U 液位 LICA23 控制在 50%左右；

（16）将汽包 101-F 液位 LRCA76 控制在 50%左右；

（17）将 156-F 液位 LICA102 控制在 50%左右。

13. 扣分步骤

（1）脱硫槽（108-D）的总硫含量高于 $5×10^{-7}$；

（2）一段转化炉出口气体中残余甲烷含量 AR1-4 高于 10%；

（3）出低变炉的工艺气中 CO 含量 AR10 高于 0.3%；

（4）辅锅炉膛压力 PICA21 高于 150 Pa；

（5）101-B 烟道压力 PRCA19 高于 150 Pa；

（6）高变入口温度 TRCA10 温度高于 410 ℃；

（7）高变入口温度 TRCA11 温度高于 500 ℃；

（8）空气压缩机 102-J 入口压力高于 2.5 MPa；

（9）空气压缩机 102-J 出口压力高于 15 MPa；

（10）除氧器 101-U 液位 LICA23 低于 10%；

（11）除氧器 101-U 液位 LICA23 高于 90%；

（12）汽包 101-F 液位 LRCA76 低于 10%；

（13）汽包 101-F 液位 LRCA76 高于 90%；

（14）156-F 液位 LICA102 低于 10%；

（15）156-F 液位 LICA102 高于 90%。

（二）正常停车

1. 停车前的准备工作

（1）按要求准备好所需的盲板和垫片；

（2）将引 N_2 胶带准备好；

（3）如触媒需更换，应做好更换前的准备工作；

（4）N_2 纯度≥99.8%（O_2 含量≤0.2%），压力>0.3 MPa，在停车检修中，一直不能中断。

2. 停车期间分析项目

（1）停工期间，N_2 纯度每 2 h 分析 1 次，O_2 纯度≤0.2%为合格。

（2）系统置换期间，根据需要随时取样分析。

（3）N₂ 置换标准：

转化系统：$CH_4<0.5\%$

驰放气系统：$CH_4<0.5\%$

（4）水蒸气、水系统

（5）在 101-BU 灭火之前以常规分析为准，控制指标在规定范围内，必要时取样分析。

3. 停工期间注意事项

（1）停工期间要注意安全，穿戴劳保用品，防止出现各类人身事故。

（2）停工期间要做到不超压、不憋压、不串压，安全平稳停车。注意工艺指标不能超过设计值，控制降压速度不得超过 0.05 MPa/min。

（3）做好触媒的保护，防止水泡、氧化等，停车期间要一直充 N₂ 保护在正压以上。

4. 工艺气停车

（1）到辅操台上将 101-B 总连锁打旁路；

（2）到辅操台上按"停过热烧嘴燃料气"按钮；

（3）关过热烧嘴的考克阀 DO073～DO092；

（4）关 MIC10，停烟道烧嘴燃料气；

（5）关烟道烧嘴的考克阀 DO113～DO120；

（6）关烟道烧嘴点火枪 DO219；

（7）到辅操台上按"SP5 开"按钮；

（8）到辅操台上按"SP4 关"按钮；

（9）关低变出口大伐 LLV153；

（10）开 MIC26，放空工艺气；

（11）到辅操台上按"SP5 关"按钮；

（12）到辅操台上按"停 101-J"按钮；

（13）开 FRCA4，逐渐切除进 103-D 的空气；

（14）全开 MIC19；

（15）空气完全切除后，到辅操台上按"SP3 关"按钮；

（16）关闭空气进气阀 LLV13；

（17）开事故风门 MIC30；

（18）开事故风门 MIC31-1～MIC31-4；

（19）关 DO094，停 101-BJA；

（20）关闭 PICAS103；

（21）保持 FRCA2 为 10 000 m³/h，开 102-J 大副线阀 LLV15；

（22）到辅操台上按"停 102-J"按钮；

（23）关 PRC102；

（24）开 108-D 出口阀 LLV48，放空；

（25）到辅操台上按"SP6 关"按钮，切除水蒸气；

（26）关 FRCA2；

（27）关 MIC19；

（28）到辅操台上按"停 101-B 燃料气"按钮，切除水蒸气；

（29）关烟道烧嘴的考克阀 DO001～DO072；

（30）关一段炉顶部烧嘴各点火枪 DO207～DO215。

5. 锅炉和水蒸气系统停车

（1）到辅操台上点"停 101-BU 主燃料气"按钮；

（2）关主烧嘴考克阀 DO121；

（3）关主烧嘴考克阀 DO122；

（4）关主烧嘴考克阀 DO123；

（5）关主烧嘴考克阀 DO216；

（6）关主烧嘴考克阀 DO217；

（7）关主烧嘴考克阀 DO218；

（8）开 LVV02，放空；

（9）关过热水蒸气总阀 LVV03；

（10）关 LVV14，停加 Na_3PO_4；

（11）关 MIC28，停 104-JB；

（12）关 MIC12；

（13）关 MIC1024；

（14）关 LVV24，停加 DMKO；

（15）关 LVV23，停加 NH_3；

（16）关闭 LICA23，停止向 101-U 进液；

（17）关 DO095，停 101-BJ；

（18）关闭 PRCA19；

（19）关闭 PICA21。

6. 燃料气系统停车

（1）关 PRC34；

（2）关燃料气进口截止阀 LLV160；

（3）关闭 FIC1237；

（4）关闭 FRC1002。

7. 脱硫系统停车

（1）关 LLV30，切除 108-D 加氢；

（2）关闭 PRC1；

（3）关原料气入界区 NG 大阀 LLV201；

（4）关原料气进 108-D 大阀 LLV35；

（5）关 LLV204；

（6）关 TIC22L，切除 141-C。

8. 扣分步骤

（1）辅锅炉膛压力 PICA21 高于 150 Pa；

（2）101-B 烟道压力 PRCA19 高于 150 Pa；

（3）高变入口温度 TRCA10 温度高于 410 ℃；

（4）高变入口温度 TRCA11 温度高于 500 ℃；

（5）空气压缩机 102-J 入口压力高于 2.5 MPa；

（6）空气压缩机 102-J 出口压力高于 15 MPa；

（7）汽包 101-F 液位高于 90%；

（8）除氧器 101-U 液位高于 90%；

（9）罐 156-F 液位高于 90%。

四、事故及处理方法

（一）101-J 压缩机故障

（1）总控立即关死 SP-3，转化岗位现场检查是否关死；

（2）切低变、开 SP-5，SP-5 全开后关 SP-4，关出口大阀；

（3）总控全开 MIC19；

（4）总控视情况适当降低生产负荷，防止一段炉及对流段盘管超温；

（5）如空气盘管出口 TR-4 仍超温，灭烟道烧嘴；

（6）如 TRC-1238 超温，逐渐灭过热烧嘴；

（7）加氢由 103-J 段间改为一套（103-J 如停）。与此同时，总控开 PRC-5，关 MIC-21、MIC-20、103-J 打循环，如工艺空气不能在很短时间内恢复就应停车，以节省水蒸气，净化保证溶液循环，防止溶液稀释。当故障消除后，应立即恢复空气配入 103-D，空气重新引入二段炉的操作步骤同正常开车一样，防止引空气太快造成触媒床温度飞升损坏（TI1-108 不应超过 1060）。

开车步骤如下：

（1）按正常开车程序加空气；

（2）当空气加入量正常，并且高变温度正常，出口 CO 正常后，联入低变；

（3）净化联 106-D 开 MIC-20；

（4）开 103-J 前，如过热火嘴已灭，应逐个点燃；

（5）逐渐关 MIC-19，保证 FI51 量为 2.72 t/h；

（6）合成系统正常后，加氢改至 103-J 段间；

（7）点燃烟道烧嘴；

（8）转化岗位在室外全面检查一遍设备及工艺状况，发现问题及时处理；

（9）总控把生产负荷逐渐提到正常水平。

（二）原料气系统故障

1. 天然气输气总管事故（天然气中断）

（1）关闭 SP-3 电动阀，转化岗位到现场查看是否关死；

（2）切低变开 SP-5，SP-5 全开后关 SP-4，气体在 MIC-26 放空，关低变出口大阀；

（3）关闭 101-B/BU、烟道，过热烧嘴考克；

（4）切 101-B、烟道及过热烧嘴放气；

（5）利用外供水蒸气置换一段转化炉内剩余气体防止触媒结碳、时间至少 30 min，接着，转化接胶带给 101-B 充 N_2 置换，在八排导淋、101-C4/CB 一侧导淋排放；

（6）关 PRC34 及前后阀，关 FRCA1，SP-2，关 101-D 加氢阀；

（7）开 MIC30，MIC31-1/4，按程序停 101-BJA；

（8）104-JA 间断开，给 101-F 冲水；

（9）待一段炉用 MS 置换后，接胶带置换脱 S 系统合格，关死 FRCA2、SP-6 及前截止阀，关原料气入界区总阀；

（10）各触媒氮气保护，高变开低点导淋排水，低变定期排水，防止水泡触媒。

其他岗位处理：

切 106-D 关 MIC-20，停合成，停四大机组，净化保压循环再生。如装置够较快恢复开车，一段炉可采用直接水蒸气升温的办法进行，其他步骤同正常开车。如装置短期不能恢复开车，触媒床层温度降至活性温度以下，也可以采用一段炉干烧后直接通中压水蒸气升温的开车方法开车。

2. 原料气压缩机故障

（1）关 SP-3；

（2）切 104-DB、开 SP-5，SP-5 全开后关 SP-4，关出口阀，气体在 MIC-26 放空；

（3）关 SP-34 切 101-B、烟道、过热烧嘴放气；

（4）灭过热烧嘴；

（5）灭烟道烧嘴，开风筒；

（6）一段炉降至 760 等待投料，如时间可能超过 10 h，一段炉 TR1-105 降至 650 以下等待，FRCA2 保持在 47 t/h 左右；

（7）关 108-D 加氢阀，联系一套供 H_2 在 108-D 处排放；

（8）101-BU 减量运行，保证 MS 压力平稳；

（9）完全关闭 SP-2、FRCA1；

（10）一旦 102-J 故障消除，重新开车应按大检修开车程序进行。

（三）水蒸气系统故障

1. 进汽包的锅炉水中断

如果突然发现进汽包的锅炉水中断，又不能立即恢复，则应立即紧急停车。

（1）101-BU、101-B、过热烧嘴、烟道烧嘴灭火，关死考克阀；

（2）关 SP-3。

（3）开 108-D 出口放空阀；

（4）切 104-DB、开 SP-5，SP-5 全开后关 SP-4，关出口大阀；

（5）一段炉通入 MS 在 MIC26 放空，当 TR1-105 达 400 ℃时，切 MS，关 FRCA2 及 SP-6；

（6）开 MIC30，MIC31-1/4，停 101-BJA，调整 101-BJ 转速保持炉膛负压，继续运行。如时间较长，104-DB、104-DA、101-B、103-D 通 N_2 保护；如 102-J 已停，开 102-J 大副线在 108-D 出口放空或将原料气入界区阀关死，切原料气；如中压蒸气压力下降，联系外网送气，当恢复开车时，可用一段炉干烧至 400 ℃通入 MS 的办法开车。

2. 中压水蒸气（MS）故障

中压水蒸气故障有如下两种情况：

（1）中压水蒸气缓慢下降。

首先应保证水碳比联锁不动作，加大 101-BU 的燃料量，及时查找原因并汇报调度。如仍不行，则按停车程序停车。

（2）中压水蒸气突然下降。

① 立即停 103-J，平衡水蒸气；

② 总控降生产负荷，保证水碳比联锁不跳；

③ 迅速查明原因并与调度联系；

④ 加氢改至一套供 H_2；

⑤ 如 103-J 停后，MS 仍下降，可停 105-J，如仍下降则继续停下去；

⑥ 切 104-DB、开 SP-5，SP-5 全开后，关 SP-4；

⑦ 切空气，关 SP-3，全开 MIC19；

⑧ 灭烟道烧嘴、过热烧嘴、101-B 减火；

⑨ 切 101-B 原料气，开 108-D 出口放空，102-J 停，开 102-J 大副线阀；

⑩ FRCA2：47 t/h、TR-1-105 760 ℃，等待投料；MS 查明原因恢复后，按开车程序开车。

3.101-BJ 跳车或故障

如 101-BJ 故障不能运行，应立即停车，停车程序与 101-F 汽包锅炉给水中断的处理程序。

4. 101-BJA 跳车或故障

101-BJA 故障停车，则应按以下程序处理：

（1）总控立即全开 MIC30、MIC31-1/4；

（2）降负荷至 70%运行；

（3）降 TR1-105 防止超温；

（4）提 101-BJ 转速，使 PRC-19 在-50 Pa 以上，防止 101-B/BU 燃烧不完全；

（5）监视各盘管温度，如超温，可灭过热烧嘴，烟道烧嘴，开风筒等。

5. 冷却水中断

如冷却水量下降，联系调度不见好转后，可依据生产条件的变化及时做出以下调整：停 103-J 及 105-J，气体在 MIC-26 放空。

思考题

1. 净化工段的原理是什么？
2. 简述净化工段的工艺流程。
3. 水蒸气系统故障有何现象？应如何处理？

实验三　净化工段仿真

一、实验目的

（1）了解净化工段的原理及工艺流程。
（2）掌握净化工段的操作规程。
（3）掌握净化工段工艺中常见事故的主要现象和处理方法。

二、工艺流程简介

1. 脱　碳

变换气中的 CO_2 是氨合成触媒（镍的化合物）的一种毒物，因此，在进行氨合成之前必须从气体中脱除干净。工艺气体中大部分 CO_2 是在 CO_2 吸收塔 101-E 中用活化 aMDEA 溶液进行逆流吸收脱除的。从变换炉（104-D）出来的变换气（温度 60 ℃、压力 2.799 MPa），用变换气分离器 102-F 将其中大部分水分除去以后，进入 CO_2 吸收塔 101-E 下部的分布器。气体在塔 101-E 内向上流动穿过塔内塔板，使工艺气与塔顶加入的自下流动的贫液（解吸了 CO_2 的 aMDEA 溶液），40 ℃（TI-24）充分接触，脱除工艺气中所含 CO_2。再经塔顶洗涤段除沫层后出 CO_2 吸收塔，出 CO_2 吸收塔 101-E 后的净化气去往净化气分离器 121-F，在管路上由喷射器喷入从变换气分离器（102-F）来的工艺冷凝液（由 FICA17 控制），进一步洗涤。经净化气分离器（121-F）分离出喷入的工艺冷凝液，净化后的气体，温度 44 ℃，压力 2.764 MPa，去甲烷化工序（106-D），液体与变换冷凝液汇合液由液位控制器 LICA26 调节去工艺冷凝液处理装置。

从 CO_2 吸收塔 101-E 出来的富液（吸收了 CO_2 的 aMDEA 溶液）先经溶液换热器（109-CB1/2）加热、再经溶液换热器（109-CA1/2），被 CO_2 汽提塔 102-E（102-E 为筛板塔，共 10 块塔板）出来的贫液加热至 105 ℃（TI109），由液位调节器 LIC4 控制，进入 CO_2 汽提塔（102-E）顶部的闪蒸段，闪蒸出一部分 CO_2，然后向下流经 102-E 汽提段，与自下而上流动的水蒸气汽提再生。再生后的溶液进入变换气煮沸器（105-CA/B）、水蒸气煮沸器（111-C），经煮沸成汽液混合物后返回 102-E 下部汽提段，气相部分作为汽提用气，液相部分从 102-E 底部出塔。

从 CO_2 汽提塔 102-E 底部出来的热贫液先经溶液换热器（109-CA1/2）与富液换热降温后进贫液泵，经贫液泵（107-JA/JB/JC）升压，贫液再经溶液换热器（109-CB1/2）进一步冷却降温后，经溶液过滤器 101-L 除沫后，进入溶液冷却器（108-CB1/2）被循环水冷却至 40 ℃（TI1-24）后，进入 CO₂ 吸收塔 101-E 上部。

从 CO₂ 汽提塔 102-E 顶部出来的 CO₂ 气体通过 CO₂ 汽提塔回流罐 103-F 除沫后，从塔 103-F 顶部出去，或者送入尿素装置或者放空，压力由 PICA89 或 PICA24 控制。分离出来的冷凝水由回流泵（108-J/JA）升压后，经流量调节器 FICA15 控制返回 CO₂ 吸收塔 101-E 的上部。103-F 的液位由 LICA5 及补入的工艺冷凝液(VV043 支路)控制。

2. 甲烷化

因为碳的氧化物是氨合成触媒的毒物，因此在进行合成之前必须去除干净，甲烷化反应的目的是要从合成气中完全去除碳的氧化物，它是将碳的氧化物通过化学反应转化成甲烷来实现的，甲烷在合成塔中可以看成是惰性气体，可以达到去除碳的氧化物的目的。

甲烷化系统的原料气来自脱碳系统，该原料气先后经合成气-脱碳气换热器（136-C）预热至 117.5 ℃（TI104）、高变气-脱碳气换热器（104-C）加热到 316 ℃（TI105），进入甲烷化炉（106-D），炉内装有 18 m³、J-105 型镍催化剂，气体自上部进入 106-D，气体中的 CO 和 CO₂ 与 H₂ 反应生成 CH₄ 和 H₂O。系统内的压力由压力控制器 PIC5 调节。甲烷化炉（106-D）的出口温度 363 ℃（TIAI1002A），依次经锅炉给水预热器（114-C）、甲烷化气脱盐水预热器（134-C）和水冷器（115-C），温度降至 40 ℃（TI139），甲烷化后的气体中 CO（AR2-1）和 CO₂（AR2-2）含量降至 1.0×10^{-5} 以下，进入合成气压缩机吸收罐 104-F 进行气液分离。

甲烷化反应如下：

$$CO + 3H_2 \underset{}{\overset{催化剂}{\rightleftharpoons}} CH_4 + H_2O + 206.3 \text{ kJ}$$

$$CO_2 + 4H_2 \underset{}{\overset{催化剂}{\rightleftharpoons}} CH_4 + 2H_2O + 165.3 \text{ kJ}$$

3. 冷凝液回收

自低变 104-D 来的工艺气 260 ℃（TI130），经 102-F 底部冷凝液猝冷后，再经 105-C，106-C 换热至 60 ℃，进入 102-F，其中工艺气中所带的水分沉积下来，脱水后的工艺气进入 CO₂ 吸收塔 101-E 脱除 CO₂。102-F 的水一部分进入 103-F，一部分经换热器 E66401 换热后进入 C66401，由管网来的 327 ℃（TI143）的水蒸气进入 C66401 的底部，塔顶产生的气体进入水蒸气系统，底部液体经 E66401、E66402 换热后排出。

三、操作规程

（一）冷态开车

1. 脱碳系统开车

（1）开启 102-E 塔顶放空阀 VV075；

（2）开启 101-E 塔底阀 SP73B；

（3）将 PIC5 投自动，设为 2.7 MPa；

（4）将 PIC24 投自动，设为 0.03 MPa；

（5）开启充压阀 VV072；

（6）开启阀 VX0049；

（7）全开阀 HIC9；

（8）开启泵 116-J 的前阀 VV010；

（9）开启泵 116-J；

（10）开启泵 116-J 的后阀 VV011；

（11）开阀 VV013，给 102-E 充液，若 LRCA70 升高太快，可间断开启 VV013 来控制；

（12）LRCA70 接近 50% 时，投自动，设为 50%；

（13）102-E 有一定液位（50%）时，开启泵 107-JA 的前阀 VV003；

（14）开启泵 107-JA；

（15）开启泵 107-JA 的后阀 VV002；

（16）102-E 有一定液位（50%）时，开启泵 107-JB 的前阀 VV005；

（17）开启泵 107-JB；

（18）开启泵 107-JB 的后阀 VV004；

（19）102-E 有一定液位（50%）时，开启泵 107-JC 的前阀 VV007；

（20）开启泵 107-JC；

（21）开启泵 107-JC 的后阀 VV006；

（22）开启控制阀 FRCA5；

（23）LIC4 接近 50% 时，投自动，设为 50%；

（24）投用 LSL104（101-E 液位低联锁）；

（25）开启气提塔顶冷凝器 108-C1/2 的入口阀 VX0009；

（26）开启气提塔顶冷凝器 110-CA1/2 的入口阀 VX0013；

（27）开启 111-C 的水蒸气入口阀 VX0021；

（28）投用 LSH3（102-F 液位低联锁）；

（29）投用 LSH26（121-F 液位低联锁）；

（30）间断开关现场阀 VV114，使 102-F 液位在 50% 左右；

（31）102-F 有一定液位（50%）时，开启泵 106-JA 的前阀 VV103；

（32）开启泵 106-JA；

（33）开启泵 106-JA 的后阀 VV102；

（34）102-F 有一定液位（50%）时，开启泵 106-JB 的前阀 VV105；

（35）开启泵 106-JB；

（36）开启泵 106-JB 的后阀 VV104；

（37）102-F 有一定液位（50%）时，开启泵 106-JC 的前阀 VV107；

（38）开启泵 106-JC；

（39）开启泵 106-JC 的后阀 VV106；

（40）开启 LICA5，给 CO_2 气提塔回流液槽 103-F 充液；

（41）LICA5 接近 50%时，投自动，设为 50%；

（42）103-F 有一定液位（50%）时，开启泵 108-J 的前阀 VV015；

（43）开启泵 108-J；

（44）开启泵 108-J 的后阀 VV014；

（45）103-F 有一定液位（50%）时，开启泵 108-JA 的前阀 VV017；

（46）开启泵 108-JA；

（47）开启泵 108-JA 的后阀 VV016；

（48）开启调节阀 FICA15；

（49）LIC7 接近 50%时，投自动，设为 50%；

（50）开启 FIC16，建水循环；

（51）开启阀 FICA17；

（52）LICA26 接近 50%时，投自动，设为 50%；

（53）开 SP-5 副线阀 VX0044 均压；

（54）全开阀 VX0042；

（55）关 SP-5 副线阀 VX0044；

（56）开 SP-5 主路阀 VX0020；

（57）关闭充压阀 VV072；

（58）开工艺气主阀旁路 VV071，均压；

（59）关闭 102-E 塔顶放空阀 VV075；

（60）关闭旁路阀 VV071；

（61）关闭旁路阀 VX0049；

（62）开工艺气主阀 VX0001；

（63）关阀 VX0021，停用 111-C；

（64）开阀 MIC11 卒冷工艺气。

2. 甲烷化系统开车

（1）开启阀 VX0022，投用 136-C；

（2）开启阀 VX0019，投用 104-C；

（3）开启 TRCA12；

（4）投用甲烷化炉 106D 温度联锁 TISH1002；

（5）开阀 VX0011，投用甲烷化炉脱盐水预热器 134-C；

（6）开阀 VX0012，投用水冷器 115-C；

（7）开启阀 SP71；

（8）稍开阀 MIC21，对甲烷化炉 106-D 进行充压；

（9）开阀 VX0010，投用锅炉给水预热器 114-C；

（10）全开阀 MIC21；

（11）将 PIC5 调为手动，关闭。

3. 冷凝液系统开车

（1）开启阀 VX0043，投用 E66402，将 TI141 控制在 59～69℃；

（2）开启泵 J66401A 的前阀 VV109；

（3）开启泵 J66401A；

（4）开启泵 J66401A 的后阀 VV108；

（5）开启泵 J66402 的前阀 VV111；

（6）开启泵 J66401B；

（7）开启泵 J66401B 的后阀 VV110；

（8）LICA3 接近 50%时，投自动，设为 50%；

（9）LICA39 接近 50%时，投自动，设为 50%；

（10）开启阀 VV115；

（11）开启 C66401 顶放空阀 VX0046；

（12）关闭 VX0046；

（13）开启阀 FIC97；

（14）开中压水蒸气返回阀 VX0045。

4. 调至平衡

（1）将 FICA15 投自动，设为 12 500 kg/h；

（2）将 FIC16 投自动，设为 13 600 kg/h；

（3）将 FRCA5 投自动，设为 640 t/h；

（4）将冷凝罐 108-C1/2 进冷却水阀 VX0009 的开度调为 100%；

（5）将冷凝罐 110-CA1/2 进冷却水阀 VX0013 的开度调为 100%；

（6）将 111-C 进水蒸气阀 VX0021 的开度调为 100%；

（7）将 VX0001 的开度调为 100%；

（8）将 FICA17 投自动，设为 10 000 kg/h；

（9）将 TRCA12 投自动，设为 280 ℃；

（10）将 PIC5 投自动，设为 2.7 MPa；

（11）将 VX0022 的开度调为 100%；

（12）将 VX0019 的开度调为 100%；

（13）将 VX0010 的开度调为 100%；

（14）将 VX0011 的开度调为 100%；

（15）将 VX0012 的开度调为 100%；

（16）将 VX0020 的开度调为 100%；

（17）将 VX0045 的开度调为 100%；

（18）将 FIC97 调至 9.26 t/h，投自动。

5. 质量评分

（1）102-E 塔顶温度 TI1-21；

（2）102-E 塔底温度 TI1-22；

（3）101-E 塔底温度 TI1-23；

（4）101-E 塔丁温度 TI1-24；

（5）C66401 塔底温度 TI140；

（6）E66401 热物流出口温度 TI141；

（7）C66401 入口水蒸气温度 TI143；

（8）C66401 塔顶气体温度 TI144；

（9）冷物流出 E66401 温度 TI145；

（10）冷物流入 E66401 温度 TI146；

（11）冷物流入 E66402 温度 TI147；

（12）103-F 罐压力 PICA89；

（13）C66401 入口蒸气压力 PI202；

（14）C66401 出口蒸气压力 PI203；

（15）甲烷化后的气体中 CO 含量 AR2-1；

（16）甲烷化后的气体中 CO_2 含量 AR2-2；

（17）106-D 入口温度 TRCA12；

（18）富液进 102-E 的温度 TI109；

（19）工艺气经 136-C 换热后的温度 TI104；

（20）工艺气经 104-C 换热后的温度 TI105，由现场阀 VX0019 控制；

（21）甲烷化后气体出 115-C 的温度 TI139；

（22）将 FICA15 投自动，设为 12 500 kg/h；

（23）106-D 入口压力 PIC5；

（24）将 102-E 塔底段液位 LRCA70 控制在 50%左右；

（25）将 101-E 塔底段液位 LIC4 控制在 50%左右；

（26）将 103-F 罐液位 LICA5 控制在 50%左右；

（27）将 101-E 塔顶段液位 LIC7 控制在 50%左右；

（28）将 121-F 罐液位 LICA26 控制在 50%左右；

（29）将 102-F 液位 LICA3 控制在 50%左右；

（30）将 E66401 塔液位 LICA39 控制在 50%左右。

6. 扣分步骤

（1）甲烷化后的气体中 CO 含量 AR2-1 超过 1.0×10^{-5}；

（2）甲烷化后的气体中 CO_2 含量 AR2-2 超过 1.0×10^{-5}；

（3）甲烷化后气体出 115-C 的温度 TI139 高于 60 ℃；

（4）103-F 顶部压力高于 0.05 MPa；

（5）进 106-D 气体压力高于 3.2 MPa；

（6）101-E 塔底段液位 LIC4 低于 10%；

（7）101-E 塔底段液位 LIC4 高于 90%；

（8）103-F 罐液位 LICA5 低于 10%；

（9）103-F 罐液位 LICA5 高于 90%；

（10）101-E 塔顶段液位 LIC7 低于 10%；

（11）101-E 塔顶段液位 LIC7 高于 90%；

（12）121-F 罐液位 LICA26 低于 10%；

（13）121-F 罐液位 LICA26 高于 90%；

（14）102-E 塔底段液位 LRCA70 低于 10%；

（15）102-E 塔底段液位 LRCA70 高于 90%；

（16）102-F 罐液位 LICA3 低于 10%；

（17）102-F 罐液位 LICA3 高于 90%；

（18）C66401 液位 LICA39 低于 10%；

（19）C66401 液位 LICA39 高于 90%。

（二）正常停车

1. 甲烷化停车

（1）开启工艺气放空阀 VV001；

（2）关闭 106-D 的进气阀 MIC21；

（3）关闭 136-C 的水蒸气进口阀 VX0022；

（4）关闭 104-C 的水蒸气进口阀 VX0019；

（5）停联锁 TISH1002。

2. 脱碳系统停车

（1）停联锁 LSL104；

（2）停联锁 LSH3；

（3）停联锁 LSH26；

（4）关闭 CO_2 去尿素截止阀 VV076；

（5）关闭工艺气入 102-F 主阀 VX0020；

（6）关闭工艺气入 101-E 主阀 VX0001；

（7）停泵 106-JA；

（8）关闭猝冷工艺气冷凝液阀 MIC11；

（9）关闭阀 FICA17；

（10）停泵 J66401；

（11）关闭 102-F 液位控制阀 LICA3；

（12）关闭 103-F 液位控制阀 LICA5；

（13）停泵 108-J；

（14）关闭阀 FICA15；

（15）关闭阀 LIC7；

（16）关闭阀 FIC16；

（17）停泵 116-J；

（18）关闭阀 VV013；

（19）关闭进水蒸气阀 VX0021；

（20）关闭阀 FRCA5；

（21）开启充压阀 VV072；

（22）开阀 VX0049；

（23）全开 LIC4；

（24）将 LRCA70 调至手动，全开；

（25）LIC4 降为 0 时，关阀充压阀 VV072；

（26）关闭阀 VX0049；

（27）LIC4 降为 0 时，关阀；

（28）停泵 107-JA；

（29）关闭液阀 LRCA70。

3. 冷凝液回收系统停车

（1）关闭 C66401 顶水蒸气去 101-B 截止阀 VX0045；

（2）关闭水蒸气入口控制阀 FIC97；

（3）关闭冷凝液去水处理截止阀 VV115；

（4）开启 E66401 顶放空阀 VX0046；

（5）至常温、常压时，关闭放空阀 VX0046。

4. 扣分步骤

（1）甲烷化后气体出 115-C 的温度 TI139 高于 60 ℃；

（2）101-E 塔底段液位 LIC4 高于 90%；

（3）103-F 罐液位 LICA5 高于 90%；

（4）101-E 塔顶段液位 LIC7 高于 90%；

（5）121-F 罐液位 LICA26 高于 90%；

（6）102-E 塔底段液位 LRCA70 高于 90%；

（7）102-F 罐液位 LICA3 高于 90%；

（8）C66401 液位 LICA39 高于 90%；

（9）103-F 顶部压力高于 0.05 MPa；

（10）进 106-D 气体压力高于 3.2 MPa。

四、事故及处理方法

1. LSL-104 低联锁

现象：LIC-4 回零；PICA89 下降，AR-1181 上升。

原因：进塔冷气副阀 TV7011 开度小。

处理：等 LSL-104 联锁条件消除后，按复位按钮 101-E 复位。

2. LSH-3 或 LSH-26 高联锁

现象：102-F 液位 LICA3 或 121-F 液位 LICA26 升高。

原因：催化剂层温度突然下降。

处理：等 LSH3 或 LSH26 联锁消除后，按复位按钮 SV9 复位。

3. TSH-1002 联锁

现象：MIC21 回零；VX0010 回零；TRA1-112 升高。

原因：TSH-1002 联锁。

处理：等 TSH-1002 联锁消除后，按复位按钮 106-D 复位。

4. 107-J 跳车

现象：FRCA5 流量下降；LIC4 下降；AR1181 逐渐上升。

原因：107-J 跳车。

处理：（1）开 MIC26 放空，系统减负荷至 80%；

（2）降 103-J 转速；

（3）迅速启动另一台备泵；

（4）调整流量，关小 MIC26；

（5）按 PB-1187，PB-1002（备用泵不能启动）；

（6）开 MIC26，调整好压力；

（7）停 1-3P，关出口阀；

（8）105-J 降转速，冷冻调整液位；

（9）关闭 MIC18，MIC24，氢回收去 105-F 截止阀；

（10）LIC13，14，12 手动关掉；

（11）关 MIC13，14，15，16，HCV1，MIC23；

（12）关闭 MIC1101，AV1113，LV1108，LV1119，LV1309，FV1311，FV1218；

（13）切除 129-C，125-C；

（14）停 109-J，关出口阀。

5. 106-J 跳车

现象：FICA17 流量下降；102-F 液位上升。

原因：106-J 跳车。

处理：（1）启动备用泵；

（2）备用泵不能启动，开临时补水阀。

6. 108-J 跳车

现象：FICA15 无流量。

原因：108-J 跳车。

处理：（1）启动备用泵；

（2）关闭 LIC7，尽量保持 LIC7；

（3）备用泵不能启动，开临时补水阀。

7. 尿素跳车

现象：PIC24 打开，PICA89 打开。

原因：尿素停车。

处理：（1）调整 PIC24 压力；

（2）停 1-3P-1。

思考题

1. 净化工段在整个合成氨工艺中的意义是什么？

2. 合成氨原料气净化一氧化碳变换反应为什么通过分段冷却来实施降温？

3. 净化工段的主要原理是什么？

4. 尿素停车的现象是什么？主要原因及处理方法？

第三章
硫黄制硫酸工艺仿真实验

一、实验目的

（1）了解硫黄制硫酸工艺的原理及工艺流程。

（2）掌握硫黄制硫酸工艺的操作规程。

（3）掌握硫黄制硫酸工艺中常见事故的主要现象和处理方法。

二、工艺流程

本软件针对硫黄制硫酸工艺进行了工艺仿真。该硫酸工艺含风机、干吸、焚硫转化、废热锅炉四个工序。

（一）生产原理

1. 风机工序

1）风机的工作原理

S4600-12 风机为单级双吸入双支承结构的离心式鼓风机。整个机组是利用膜片联轴器将鼓风机与 CP433 型齿轮箱、NG32/25/0 型背压式汽轮机联结起来驱动风机转子转动。空气被高速旋转的转子通过风机进口的空气过滤器、消声器和百叶窗式进口调节阀吸入蜗壳，由于转子的高速旋转使气体产生离心力，经转子流道被抛出；而蜗壳中心因全部气体被压出形成负压区，又可重新吸入介质，转子不断地高速旋转，就不断产生气体的压出与吸入，达到输送介质的目的。

2）汽轮机的工作原理

NG32/25/0 型背压式汽轮机是以水蒸气为工质的原动机，具有压力 3.53 MPa（绝压）和温度 435 ℃的过热水蒸气经过两组调节汽阀进入喷嘴室，喷嘴组进入调节级，而后流经各压力级，使整个汽轮机转子以 6322～9482 r/min 的速度旋转，并通过 CP433 型齿轮箱以 1.843 的速比减速后，带动 S4600-12 风机转子以 3430～5145 r/min 的速度转动。一般正常情况下，汽轮机额定转速 9031 r/min，此时风机转动速度 4900 r/min。

3）汽轮机调节系统的工作原理

（1）汽轮机的转速由数字式电子调速器 WOODWARD 505 控制。两个转速传感器 713、715 将转速信号输入调速器，调速器将汽轮机实际转速和目标转速比较求得差值，然后调整它的输出信号（4~20 mA），电液转换器 1742 的输出液压信号（二次油：0.15~0.45 MPa）也随之变化，通过调节阀油动机控制调节阀调整其开度和进气量，从而使转速趋向目标值。

（2）进入汽轮机的水蒸气经过主汽阀后，是由两个调节阀进行调节。主汽阀位于汽轮机的进汽口，由油动机 1910 控制。油动机活塞一侧受到弹簧的压力，另一侧受到快速关闭油的作用。快速关闭油经过滑阀节流孔进入油缸，使活塞克服弹簧的阻力而上升，阀门随之打开。如果快速关闭油失压，滑阀下移，切断快速关闭油，使主汽门快速关闭。上述操作，可以手动也可以自动。主汽阀还有一个灵活性的试验装置，按下按钮后可使主汽门活塞下移几毫米，来检查主汽门阀杆是否卡塞。

（3）调节阀控制汽轮机的进汽量。两个阀均在汽缸的下半部，它们的升程由调节阀油动机控制，和二次油的油压一一对应。一旦油动机失去高压油压，调节阀在弹簧的作用下迅速关闭。

4）汽轮机的保护装置及工作原理

（1）汽轮机采用超速保护、轴向位移保护装置。

其作用是：为保证汽轮机在发生不正常的工作情况下能及时动作迅速切断主水蒸气，使汽轮机停机，自动保护汽轮机的安全，不致引起严重事故。当汽轮机转速升高至额定转速值的 109%~111%时，超速保护装置动作，将保护装置中的操作油关闭，主汽阀立即关闭。

汽轮机运行 6 个月，务必寻机做超速（危急遮断器）试验，以免危急遮断器失效，造成汽轮机、鼓风机飞车事故产生。做超速（危急遮断器）试验具体步骤如下：

① 将风机联轴器脱开分离，按规程做好汽轮机开机准备，汽轮机启动并升速到额定转速 9031 r/min；有关保护系统的试验合格后即可进行危急遮断器试验。

② 汽轮机缓慢升速，危急遮断器飞锤应在 9843~10 241 r/min 击出，汽轮机停机，待转速降至 9031 r/min 以下时可重新挂闸开机；试验连做 3 次，每次动作转速均应在 9843~10 241 r/min，且第二次的动作转速和第一次的动作转速相差不超过 1%，第三次的动作转速和前两次的动作转速的平均值相差不超过 0.75%，则危急遮断器合格；

③ 在进行危急遮断器试验时，如机组转速超过额定转速的 10 241 r/min，危急遮断器飞锤仍不动作，应立即手动紧急停机。根据实际情况改变调整垫片厚度后再进行试验。

④ 汽轮机转子的前端部，布置有电子式轴位移/轴振动传感器，当转子轴位移/轴振动发生变化时，使传感器信号发生变化，这种变化超过允许值时，使电磁阀动作，泄掉快速关闭油和二次油，主汽阀和调节阀立即关闭。

（2）鼓风机的保护装置。

鼓风机上、齿轮箱上均安装了 4 只测轴振动探头，可检测出轴振动情况，信号引至控制室进行显示控制；鼓风机轴承、齿轮箱轴承上部都装有铂热电阻，用来检测各轴承的温度，测温元件检测出轴承温度信号引至控制室进行显示控制。控制室内设有高报警、停车报警，并发出音响报警。当轴振动达到危险值及轴承温度达到危险值时，除有提示、音响报警外，停车联锁系统动作，自动停车。

5）油系统的工作原理

油系统根据其作用分为润滑油系统和分配油（调节油）系统。润滑油系统是供汽轮机、齿轮箱、风机各轴承的润滑油；分配油则提供液压调节系统和保安系统的用油。为了运行方便，这两个系统共用一个油系统。油系统包括油箱、主油泵、备用泵、直流危急油泵、冷油器、滤油器、排烟风机和所连接的油管道。

2. 干吸工序

1）干燥、吸收原理

干燥是从汽风机送来的空气，在干燥塔内自下而上与浓度为 98% 的硫酸充分逆流接触，利用浓硫酸的强吸水性吸收空气中的水分，使干燥好的气体水分含量小于 $0.1\ g/Nm^3$，达到干燥的目的。吸收过程是产酸过程，它包括物理吸收和化学吸收两个过程。由于水的表面分压很大，SO_3 气体与水蒸气接触，立刻生成酸雾，生成的酸雾难以被水或硫酸吸收。为此在实际生产过程中，只能用浓硫酸吸收 SO_3 于液相中，再与水反应生成硫酸，从而达到生产硫酸的目的。在干吸过程中，酸浓度越高，水蒸气分压越低，水分被吸收的效果就越好；而酸浓度越高，硫酸水蒸气分压越高，产生的酸雾量越大，影响吸收效果。相比之下 98% 浓度的硫酸表面水蒸气和硫酸水蒸气分压都较低。因此，选用浓度为 98% 硫酸作为干吸酸。在干吸塔内通过气液的逆流接触达到传质干吸的目的。同时在塔内装填适当高度的填料，以增大传质面积，达到良好的干吸效果。

吸收过程反应式为：

$$nSO_3(n+1)H_2O+SO_3 \Longrightarrow (n+1)H_2SO_4$$

2）循环水工作原理

利用泵把循环水池中的冷水送到各酸冷却器，水走管程、硫酸走壳程，使酸温降低。经吸热后的水被送到凉水塔，通过配水系统均匀地喷洒于填料上，进行喷淋抽风冷却；经冷却后的水进入循环水池中，热空气由风机抽出塔外，从而使循环水满足干吸酸冷器对冷却水温度的要求，完成水循环过程。

通过加入适量的阻垢剂和灭藻剂，以避免各酸冷却器结垢，同时保持循环水质合格。

为保证循环水水质，设置了全自动循环清洗过滤装置。其工作原理：该装置运行时，待过滤水经过滤区进入各过滤单元内，经过滤单元截留过滤水中的颗粒性杂质后，进入清水区至系统管网；随着过滤时间的增加，当过滤区水与清水区压力差达到设定值后，由自动控箱控制器发出指令，启动电动反冲洗机构运行，利用过滤系统自身存在的压力过滤单元逐一进行清洗，清洗后污水由电动阀排出，清洗位置由反冲洗位置指示机构指示，系统压力差恢复正常后，反冲洗工作即结束。

3. 焚硫转化工序

焚硫炉内硫黄的燃烧过程，首先是喷枪出口液硫的雾化蒸发过程，硫黄水蒸气与空气混合，在高温下达到硫黄的燃点时，气流中氧与硫水蒸气开始燃烧反应，生成二氧化硫后进行扩散，伴随反应放出热量。由热气流和热辐射给雾状液硫传热，因而使液硫继续蒸发。液硫在周围气膜中的燃烧反应速率与其蒸发速率为控制因素，反应速率随空气流速的增加而增加。因而增大液硫蒸发表面，改善雾化质量，增加空气流的湍动，提高空气的温度有利于液硫的蒸发，强化液硫的燃烧和改善焚硫的质量。

硫与氧的反应为：

$$S + O_2 \Longrightarrow SO_2 + Q$$

转化反应是借助钒触媒的催化作用——降低反应活化能。使 SO_2 能在较低温度下转化成 SO_3，并释放出大量的热，反应式为：

$$SO_2 + 1/2\,O_2 \Longrightarrow SO_3 + Q$$

二氧化硫在固体触媒上转化为三氧化硫的过程以及触媒的催化作用，可用以下几个步骤加以解释：

（1）触媒表面的活性中心吸附氧分子，使氧分子中的原子间键断裂而产生活泼的氧原子[O]；

（2）触媒表面的活性中心吸附二氧化硫分子；

（3）被吸附的二氧化硫分子和氧原子之间进行电子的重新排列化合成为三氧化硫分子；

（4）三氧化硫分子从触媒表面上脱附下来，进入气相。

4. 废热锅炉工序

利用火管锅炉、省煤器、高、低温过热器回收焚硫炉和转化器反应产生的热量，使气体温度控制在转化各段规定的范围内，同时产出合格的过热水蒸气用于发电和驱动风机。

废热锅炉将高温焚硫炉气降温到约 420 ℃，以达到一段转化的适宜温度，用高温过热器把转化一段出来的约 612 ℃的高温气体降温后进入二段转化，三段出来的气体经冷换热器和省煤器Ⅰ换热后去第一吸收塔吸收，用低温过热器和省煤器Ⅱ把四段出来的气体中多余的热量回收后，进第二吸收塔吸收。

（二）工艺流程简述

1. 风机工序

（1）空气系统：空气经过空气过滤器进入风机，升压后由干燥塔底部进入（开车初期，一部分从风机出口放空管放空），与98%浓硫酸逆流接触除去水分。

（2）水蒸气系统：开车初期过热水蒸气来自水蒸气管网，当装置运行正常后，过热水蒸气来自本装置，水蒸气分两路进入汽轮机，做功带动齿轮油箱和风机，低压水蒸气从汽轮机出来后一路去本装置除氧器，一路去低压水蒸气管网。

（3）油路系统：油箱内的润滑油经过泵加压后，分两路进入系统，高压油直接经过油过滤器过滤后进入汽轮机、齿轮油箱、风机；润滑油经过油冷却器冷却后经过油过滤器过滤，进入汽轮机、齿轮油箱、风机；各回油管并入总管回到油箱内。

2. 干吸工序

1）干燥部分

空气经空气过滤器、消声器，进入空气鼓风机升压后进入干燥塔，在塔内与98%浓硫酸逆流接触。利用浓硫酸的强吸水性对空气进行干燥，干燥后的空气再由塔顶的金属丝网除沫器除去酸沫，使出塔空气水分≤0.1 g/Nm³，酸雾≤0.005 g/Nm³，合格的干燥空气送入焚硫转化工序。

2）吸收部分

经一次转化出来的转化气体经省煤器Ⅰ换热后从一吸塔底部进入塔内，与塔顶98%硫酸逆流接触吸收其中的SO_3；从塔顶出来的气体经塔顶纤维除雾器除去酸雾后返回转化四段进行二次转化；四段转化出来的气体经过低温过热器、省煤器Ⅱ降温后进入第二吸收塔，与塔顶98%硫酸逆流接触吸收其中的SO_3；最终的尾气经塔顶纤维除沫器除雾后由排气筒放空，至此完成两次转化两次吸收。

3）循环酸部分

酸循环系统设置一台循环酸泵槽和一台成品酸槽，循环酸泵槽内设有一隔板将干燥塔下塔酸与吸收塔下塔酸隔开。循环槽中的一部分吸收塔下塔约98℃酸由干燥塔酸泵送至干燥塔酸冷却器冷却至65℃，进入干燥塔，干燥塔下塔酸温度70℃，流入循环酸泵槽干燥酸，由二吸泵直接打入二吸塔分酸器内作为吸收酸吸收转化四段出来的SO_3气体；循环槽中的另一部分吸收塔下塔约98℃酸由一吸塔酸泵送至一吸塔酸冷却器和脱盐水加热器冷却至80℃，进入一吸塔分酸器作为吸收酸，一吸塔下塔约102℃的酸，流入循环酸泵槽吸收酸侧；出二吸塔下塔酸温约78℃，流入循环酸泵槽吸收酸侧作为干燥和吸收酸。二吸塔酸泵出口酸的一部分（约76.2 t/h）送成品酸冷却器冷却至40℃，进入成品酸槽，成品酸再由成品酸泵送出界区。为了保持酸循环槽中水量的平衡，需向循环酸泵槽补加工艺水。

入塔后的酸经分酸装置进入填料层，与气体充分接触传质后回到相应循环槽；循环槽内的酸经补加工艺水控制酸浓在工艺指标范围内循环使用或作为产品经冷却后送出系统。

来自生产给水管的水进入冷水池，经循环水泵送到阳极保护管壳式酸冷器，换热后的热水被送到凉水塔进行喷淋抽风冷却，冷却后的水进入冷水池中，完成循环过程。为了保持悬浮物在循环冷却水系统中不超过一定含量，设置过滤器对循环水进行旁滤处理，同时为了控制循环冷却水系统内由水质引起的结垢和腐蚀，满足水温、污垢热阻、年腐蚀率等要求，设置加药设备。

3. 焚硫转化工序

来自熔硫工序的精制液硫，由液硫泵送至精硫泵槽，通过高压精硫泵将液硫加压后经机械喷嘴喷入焚硫炉，焚硫所需的空气经空气鼓风机加压送入干燥塔，在干燥塔内与 98%的浓硫酸逆向接触，使空气中的水分被吸收；出干燥塔的空气水分含量小于 0.1 g/Nm³，进入焚硫炉与硫蒸气混合燃烧生成含 SO_2 为 9.5%～11%、温度在 1100 ℃左右的高温炉气；经废热锅炉回收热量后，温度降至 420 ℃再进入转化一段催化剂床层进行转化；出口温度升至 612 ℃，进入高温过热器降温至 440 ℃进入转化二段催化剂床层进行反应；二段出口气体温度升至 520 ℃左右进入热换热器换热后，温度降至 440 ℃左右，进入转化三段催化剂床层进行反应；转化三段出口气体温度升至 465 ℃左右，依次经冷换热器和省煤器 I 换热后，温度降至 170 ℃左右，进入第一吸收塔，与 98%的浓硫酸逆流接触吸收其中的三氧化硫，未被吸收的气体通过塔顶的纤维除沫器除去其中的酸雾后，依次通过第二换热器、第一换热器换热，利用转化二、三段的余热升温升至 420 ℃左右进入转化四段催化剂床层进行第二次转化；四段出口气体温度升至 441 ℃左右进入低温过热器和省煤器 II 降温至 160 ℃左右进入第二吸收塔，用 98%的硫酸吸收其中的 SO_3 后，尾气经塔顶的除沫器除去酸沫，使出吸收塔 SO_2 浓度 ≤960 mg/Nm³、酸雾≤45 mg/Nm³ 后由 100 m 放空烟囱排放。

4. 废热锅炉工序

1）废热锅炉给水排气

脱盐水站来的脱盐水经脱盐水加热器加热后进入除氧器，经过除氧器除氧后，温度升高到 104 ℃以上再经给水泵加压送到废热锅炉的 II 级省煤器低温段、I 级省煤器、II 级省煤器高温段，将水加热到 240 ℃直接送到汽包（开车初期，由于汽包用水量小，经过 II 级省煤器高温段加热的水直接回到除氧水箱）。废热锅炉采用自然循环，炉水由汽包引出，沿 8 根下降管流入锅壳，经锅壳中的列管加热后产生汽水混合物，再由锅壳顶部 5 根上升管送回汽包。经汽水分离后的炉水继续循环，饱和水蒸气由汽包顶部引出，先送到低温过热器将水蒸气加热到 332 ℃后，再经管道送到高温过热器将水蒸气加热。经过几次换热产出 3.82 MPa、450 ℃的过热水蒸气送余热电站或供本系统汽轮机使用。

2）废热锅炉排污

三台锅炉本体及管道的排污和疏水、放水大部分汇集至排污总管送入定期排污膨胀器。少数管道的零星排放水就地排入地沟。

（三）设备一览表（表3-1）

表 3-1　设备一览表

设备位号	设备名称	设备位号	设备名称
C1401	空气鼓风机	E1404	成品酸冷却器
CT1401	透平式汽轮机	E1501	高温过热器
E1201	废热锅炉	E1502	热换热器
E1401	干燥塔酸冷器	E1503	冷换热器
E1402	一吸塔酸冷器	E1504	省煤器 I
E1403	脱盐水加热器	E1505	低温过热器
E1506	省煤器 II	V1003	定期排污器
F1201	焚硫炉	V1005	水蒸气集箱
P104A1	循环水泵	V1201	精硫槽
P1001A/B	锅炉给水泵	V1202	油槽
P1002A/B	加药泵	V1401	循环酸泵槽
P1087	循环水冷却塔风机	V1402	成品酸槽
P1088	循环水冷却塔风机	X1001	加药装置
P1201A/B/C	精硫泵		设备名称
P1202	油泵		废酸地下槽
P1401	干燥塔酸泵		控制油过滤器
P1402	一吸塔酸泵		喷水减温器 A
P1403	二吸塔酸泵		喷水减温器 B
P1404	排酸泵		润滑油1#油泵
P1405	废酸泵		润滑油2#油泵
R1501	转化器		润滑油过滤器
T104A1-2	循环水冷却塔		润滑油冷却器
T1401	干燥塔		润滑油事故油泵
T1402	一吸塔		润滑油箱
T1403	二吸塔		烟囱
V1001	除氧器及水箱		循环水过滤器
V1002	连续排污器		

三、操作规程

（一）冷态开车

1. 循环水补水

（1）确认联锁管理内所有联锁都处于切除状态；

（2）开循环水的补水阀 VG1081；

（3）通过调节补水使循环水池液位稳定在 80%；

（4）打开干燥塔酸冷却器的进口水阀 VG1301；

（5）打开干燥塔酸冷却器的出口水阀 VG1302；

（6）打开一吸塔酸冷却器的进口水阀 VG1303；

（7）打开一吸塔酸冷却器的出口水阀 VG1304；

（8）打开去循环水风机回水阀 VG1082；

（9）打开去循环水风机回水阀 VG1083；

（10）打开循环水泵 P104A1 进口阀 VG1084；

（11）打开循环水泵 P104A1 排气阀 VB1082；

（12）当排气口冒水后，关闭 VB1082；

（13）启动循环水泵 P104A1；

（14）打开循环水泵 P104A1 出口阀 VG1085。

2. 干吸工段灌酸

（1）开循环酸泵槽灌酸阀门 VG1317；

（2）打开干燥塔酸冷器的酸底阀 VB1310；

（3）打开一吸塔酸冷器的酸底阀 VB1311；

（4）打开脱盐水加热器的酸底阀 VB1312；

（5）打开成品酸冷却器的酸底阀 VB1313；

（6）打开循环酸槽的酸底阀 VB1315；

（7）打开成品酸槽的酸底阀 VB1314；

（8）打开干燥塔排酸阀 VB1316；

（9）打开一吸塔排酸阀 VB1317；

（10）打开二吸塔排酸阀 VB1318；

（11）等待循环酸槽液位达到 50%；

（12）关闭干燥塔酸冷器的酸底阀 VB1310；

（13）关闭一吸塔酸冷器的酸底阀 VB1311；

（14）关闭脱盐水加热器的酸底阀 VB1312；

（15）关闭成品酸冷却器的酸底阀 VB1313；

（16）关闭循环酸槽的酸底阀 VB1315；

（17）关闭干燥塔的排酸阀 VB1316；

（18）关闭一吸塔的排酸阀 VB1317；

（19）关闭二吸塔的排酸阀 VB1318；

（20）关闭成品酸槽的酸底阀 VB1314；

（21）打开成品酸冷却器的进口水阀 VG1309；

（22）打开成品酸冷却器的出口水阀 VG1310；

（23）循环酸泵槽液位达到 80%；

（24）关闭灌酸阀 VG1317。

3. 干吸酸泵开启

（1）启动干燥塔酸泵 P1401；

（2）缓慢调节干燥塔酸泵出口阀 VG1318，将流量调到 700～750 m^3/h；

（3）将干燥塔酸泵的电流调节到 250 A；

（4）循环酸槽液位稳定后，打开灌酸阀 VG1317；

（5）启动二吸塔酸泵 P1403；

（6）调节二吸塔酸泵出口阀 VG1320，将流量调节到 700～750 m^3/h；

（7）将二吸塔酸泵电流调节到 250 A；

（8）循环酸槽液位稳定后，打开灌酸阀 VG1317；

（9）启动一吸塔酸泵；

（10）调节一吸塔酸泵的出口阀 VG1319，将流量调节到 1100～1200 m^3/h；

（11）调节一吸塔酸泵电流到 20 A；

（12）开启三台酸泵后，循环酸槽液位稳定到 70%；

（13）开启三台酸泵，并且酸槽液位稳定到 70% 后，关闭灌酸阀 VG1317；

（14）打开阳极保护；

（15）干燥塔酸泵正常后投联锁；

（16）一吸塔酸泵正常后投联锁；

（17）二吸塔酸泵正常后投联锁。

4. 汽轮机润滑油准备

（1）确认汽风机振动及压力联锁处于切除状态；

（2）打开润滑油箱加热开关，对润滑油进行加热；

（3）润滑油温度 TI1420 超过 37 ℃；

（4）TI1420 超过 37 ℃后，关闭润滑油箱加热开关；

（5）打开润滑油泵至汽风机总管阀 VG1401；

（6）打开润滑油 1#油泵进口阀 VB1401；

（7）打开润滑油 1#油泵出口阀 VB1402；

（8）打开润滑油 2#油泵进口阀 VB1403；

（9）打开润滑油 2#油泵出口阀 VB1404；

（10）打开润滑油事故油泵至汽风机管路阀 VG1402；

（11）打开润滑油事故油泵进口阀 VB1405；

（12）打开润滑油事故油泵出口阀 VB1406；

（13）启动润滑油 1#油泵或 2#油泵。

5. 汽轮机水蒸气暖管

（1）全开风机出口放空阀 FV1401；

（2）打开汽轮机进口水蒸气隔离阀 HV1003 前疏水阀 VB1030；

（3）打开汽轮机进口水蒸气总汽门 VG1015，进行水蒸气管路暖管；

（4）当水蒸气管路压力 PIA1005 达到 3 MPa 时，逐渐全开 VG1015；

（5）风机透平水蒸气进口管温度 TIA1005 达到 230 ℃；

（6）开启启动油；

（7）开启速关油；

（8）开启速关油后，关闭启动油；

（9）确认主汽阀开启；

（10）打开 HV1003 后疏水阀 VB1031；

（11）缓慢打开 HV1003 旁通阀 VG1005；

（12）关闭 HV1003 旁通阀 VG1005。

6. 汽轮机启动

（1）全开排气管路放空阀 VG1014；

（2）确认汽风机 PLC 准备就绪；

（3）确认汽风机 505 控制准备就绪；

（4）确认循环水泵及循环酸泵开启；

（5）上述操作完成后，按风机启动按钮，启动风机；

（6）打开进口水蒸气隔离阀 HV1003；

（7）启动汽风机后，关闭水蒸气疏水阀 VB1030；

（8）启动汽风机后，关闭水蒸气疏水阀 VB1031；

（9）汽风机转速在 1000 r/min 稳定 5 min（仿真 20 s）；

（10）当润滑油箱温度升到 40 ℃时，打开润滑油冷却器冷却水入口阀 VG1403；

（11）打开润滑油冷却器冷却水出口阀 VB1407；

（12）将汽风机给定转速调整为 2000 r/min；

（13）及时调节排气放空阀，使排气压力高于 0.49 MPa；

（14）当排气压力高于 0.49 MPa 后，打开汽轮机出口水蒸气切断阀 HV1004；

（15）关闭排气放空阀 VG1014。

7. 废热锅炉充液

（1）打开除氧器液位调节阀 LV1001 前切断阀 VB1018；

（2）打开除氧器及水箱 V1001 液位调节阀 LV1001 后切断阀 VB1019；

（3）打开 LICA1001；

（4）打开脱盐水加热器出口管切断阀 HV1301；

（5）打开脱盐水加热器去离子水进口管压力控制 PIC1306；

（6）打开除氧器及水箱 V1001 排水阀 VG1007，对 V1001 进行冲洗；

（7）水质合格后，停止冲洗，关闭 VG1007；

（8）打开除氧器 V1001 压力调节阀 PV1001 前切断阀 VB1028；

（9）打开除氧器 V1001 压力调节阀 PV1001 后切断阀 VB1029；

（10）打开 PIC1001，对 V1001 进行加热；

（11）缓慢打开 V1001 排气阀 VG1006；

（12）当水箱液位接近 80%时，关闭脱盐水压力控制 PIC1306；

（13）水箱液位 LICA1001 维持在 80%；

（14）通过调整 PIC1001，确保除氧水温 TI1001 超过 104 ℃；

（15）打开省煤器Ⅱ高温段除氧水至汽包阀 VB1035；

（16）打开省煤器Ⅱ高温段除氧水入口阀 VB1034；

（17）打开省煤器Ⅰ除氧水出口阀 VB1033；

（18）打开省煤器Ⅰ除氧水入口阀 VB1007；

（19）打开省煤器Ⅱ低温段除氧水出口阀 VB1006；

（20）打开省煤器Ⅱ低温段除氧水入口阀 VB1005；

（21）打开汽包液位调节阀 FV1002 前切断阀 VB1020；

（22）打开汽包液位调节阀 FV1002 后切断阀 VB1021；

（23）打开锅炉液位调节 LRCA1004；

（24）打开除氧水泵 P1001A 进口阀 VB1001 或 P1001B 进口阀 VB1003；

（25）启动除氧水泵 P1001A 或 P1001B；

（26）打开除氧水泵 P1001A 出口阀 VB1002 获 P1001B 出口阀 VB1004，向汽包充液；

（27）开始对废热锅炉充液后，打开 PIC1306，对除氧器补水；

（28）锅炉液位 LRCA1004 达到 50%后，打开 P1001A 回流阀 VB1016 或 P1001B 回流阀 VB1017；

（29）关闭锅炉液位调节 LRCA1004；

（30）废热锅炉充液完毕，关闭 PIC1306。

8. 预热空气升温

（1）打开废热锅炉出口管旁路放空阀 VG1207；

（2）全开焚硫炉主空气入口阀 VG1202；

（3）打开干燥塔空气进口阀 HV1304；

（4）向焚硫炉内插入油枪；

（5）打开油泵 P1202 进口阀 VB1211；

（6）启动油泵 P1202；

（7）按下点火按钮；

（8）打开焚硫炉燃油入口阀 VG1205；

（9）确认焚硫炉出现火焰；

（10）控制焚硫炉出口温度 TISA1205 升至 800℃以上。

9. 转化器空气升温

（1）全开高温过热器出口温度调节 TICA1212；

（2）全开热换热器管程出口温度调节 TICA1218；

（3）打开废热锅炉至转化器Ⅲ段管路阀 VG1208；

（4）打开废热锅炉至转化器Ⅳ段管路阀 VG1209；

（5）打开转化器Ⅲ段至Ⅳ段管路阀 VG1210；

（6）焚硫炉升温至 800℃后，打开低温过热器旁路放空阀 VG1213；

（7）打开油泵 P1202 回流阀 VB1216；

（8）关闭焚硫炉燃油入口阀 VG1205；

（9）同时打开废热锅炉炉气管出口阀 VG1214；

（10）关闭废热锅炉出口炉气管放空阀 VG1207；

（11）适当调节 TICA1206A 控制转化器入口温度；

（12）焚硫炉出口温度低于 400℃后，打开废热锅炉出口管旁路放空阀 VG1207；

（13）关闭废热锅炉出口管烟气温度调节 TICA1206A；

（14）关闭废热锅炉炉气管出口阀 VG1214；

（15）关闭低温过热器旁路放空阀 VG1213；

（16）按下点火按钮；

（17）打开焚硫炉燃油入口阀 VG1205；

（18）关闭油泵 P1202 回流阀 VB1216；

（19）确认焚硫炉出现火焰；

（20）重复上述 S5 到 S17 操作直到转化器 R1501 第Ⅳ层触媒层下层温度 TI1231A 大于 110℃；

（21）当焚硫炉出口温度重新大于 800℃后，打开低温过热器旁路放空阀 VG1213；

（22）打开废热锅炉炉气管出口阀 VG1214；

（23）关闭废热锅炉出口炉气管放空阀 VG1207；

（24）调节废热锅炉出口管烟气温度 TICA1206A，使其控制在 450~500℃。

10. 喷油期间干吸换酸

（1）打开循环酸泵槽液位调节阀 LV1301 前切断阀 VB1304；

（2）打开循环酸泵槽液位调节阀 LV1301 后切断阀 VB1303；

（3）打开循环酸泵槽液位调节 LIC1301；

（4）打开成品酸槽出口阀 VG1322；

（5）启动成品酸泵 P1406A 或 P1406B；

（6）打开成品酸泵 P1406A 出口阀 VB1302 或 P1406B 出口阀 VB1301；

（7）打开成品酸槽液位控制 LIC1302，排酸；

（8）成品酸槽液位维持在 50%；

（9）打开循环酸泵槽灌酸阀 VG1317；

（10）循环酸槽液位维持在 70%；

（11）停止喷油时，确保 AICA7301 大于 97.5%；

（12）停止喷油时，确保 AIA7301 大于 97.5%；

（13）关闭成品酸槽液位 LIC7302；

（14）停成品酸泵 P7406A 或 P7406B；

（15）关闭成品酸泵 P7406A 出口阀 VB7302 或 P7406B 出口阀 VB7301；

（16）关闭成品酸槽出口阀 VG7322；

（17）关闭循环酸泵槽液位调节 LIC7301；

（18）关闭循环酸泵槽灌酸阀 VG7317。

11. 精硫槽准备

（1）打开暖管低压水蒸气至 P7201A 侧管道阀 VB7212；

（2）打开 P7201A 侧暖管水蒸气疏水阀 VB7219；

（3）打开暖管低压水蒸气至 P7201C 侧管道阀 VB7213；

（4）打开 P7201C 侧暖管水蒸气疏水阀 VB7220；

（5）打开精硫泵 P7201A 后阀 VB7201；

（6）打开精硫泵 P7201B 后阀 VB7202；

（7）打开精硫泵（P7201B）至 3、4 喷嘴管路阀 VB7205。

12. SO_2 炉气升温

（1）转化器 R7501 第 I 段触媒层上层温度 TI7207A 达到 420 ℃；

（2）转化器 R7501 第 IV 段触媒层下层温度 TI7231A 达到 250 ℃；

（3）关闭废热锅炉至转化器 III 段管路阀 VG7208；

（4）关闭废热锅炉至转化器 IV 段管路阀 VG7209；

（5）关闭焚硫炉燃油入口阀 VG7205；

（6）停油泵 P7202；

（7）关闭油泵 P7202 前阀 VB7211；

（8）拔出油枪；

（9）关闭干燥塔空气进口阀 HV7304；

（10）停止喷油后，打开至二吸塔管道阀 VB7218；

（11）关闭低温过热器旁路放空阀 VG7213；

（12）插入硫枪；

（13）将汽轮机转速设定调整到 5000 r/min，迅速通过临界转速；

（14）汽轮机转速接近 5000 r/min 后，缓慢打开干燥塔空气进口阀 HV7304；

（15）启动精硫泵 P7201A；

（16）稍开 FICA7202，确保泵后压力大于焚硫炉压力；

（17）启动精硫泵 P7201B；

（18）稍开 FICA7203，确保泵后压力大于焚硫炉压力；

（19）打开焚硫炉 1 喷嘴入口阀 VB7206；

（20）打开焚硫炉 3 喷嘴入口阀 VB7208；

（21）打开焚硫炉 2 喷嘴入口阀 VB7207；

（22）打开焚硫炉 4 喷嘴入口阀 VB7209；

（23）缓慢开大 FICA7202；

（24）缓慢开大 FICA7203；

（25）确认有火焰；

（26）通过调节 LICA7201 维持精硫槽液位为 50%；

（27）将 LICA7201 设为 50%；

（28）将 LICA7201 设为自动；

（29）通过调节 TICA7206A 维持废热锅炉出口温度为 420 ℃；

（30）将 TICA7206A 设为 420 ℃；

（31）将 TICA7206A 设为自动；

（32）逐渐加大进硫量，同时逐渐加大汽风机转速至 8650 r/min 以控制温度；

（33）汽轮机转速稳定在 8650 r/min 左右；

（34）缓慢关闭鼓风机出口放空阀，注意及时调节喷硫量调节温度；

（35）打开焚硫炉前部空气进口阀 VG7203；

（36）打开焚硫炉后部空气进口阀 VG7212；

（37）当 R7501 第Ⅲ、Ⅳ段出口温度均超过 400 ℃时，打开二转二吸阀 VB7217；

（38）关闭转化器Ⅲ段至Ⅳ段管路阀 VG7210；

（39）通过调节喷硫量和空气量控制废热锅炉出口 SO_2 含量为 11% 左右。

13. 喷硫期间干吸补水

（1）开启循环水风机 P1087；

（2）开启循环水风机 P1088；

（3）喷硫后，打开干燥塔入塔酸浓调节阀 AV7301 前切断阀 VB7305；

（4）打开 AV7301 后切断阀 VB7306；

（5）打开干燥塔入塔酸浓控制 AICA7301；

（6）循环酸槽液位维持在 70%；

（7）将 LIC1301 设定值设为 70%；

（8）将循环酸槽液位调节 LIC1301 设为自动；

（9）当成品酸槽液位接近 50% 时，打开成品酸去罐区阀 VG1322；

（10）打开成品酸泵 P1406A 的出口阀 VB1302 或 P1406B 的出口阀 VB1301；

（11）启动成品酸泵 P1406A 或 P1406B；

（12）通过调节 LIC1302 将成品酸槽液位维持在 50%；

（13）将 LIC1302 设定值设为 50%；

（14）将成品酸槽液位调节 LIC1302 设为自动。

14. 废热锅炉汽包升压

（1）通过调节 LIRCA1004，将汽包液位维持在 50%；

（2）将 LRCA1004 设为 50%；

（3）将 LRCA1004 设为自动；

（4）在现场打开 HV1005，调节废热锅炉汽包压力 PIA1003；

（5）打开脱盐水压力控制 PIC1306，向除氧器补水；

（6）通过调节 PIC1306 将脱盐水压力维持在 0.28 MPa；

（7）将 PIC1306 设为 0.28 MPa；

（8）将 PIC1306 设为自动；

（9）水箱液位 LICA1001 维持在 80%；

（10）将 LICA1001 设为 80%；

（11）将 LICA1001 设为自动；

（12）当汽包压力达到 0.5 MPa 时，打开汽包至连续排污器管道阀 VB1009；

（13）1 min 后（仿真 10 s）关闭 VB1009；

（14）打开汽包至定期排污切断阀 HV1001；

（15）1 min 后（仿真 10 s）关闭 HV1001；

（16）打开废热锅炉至定期排污出口阀 VB1008；

（17）1 min 后（仿真 10 s）关闭 VB1008；

（18）控制 HV1005，使汽包压力从 0.5 MPa 缓慢升至 4.2 MPa；

（19）打开水蒸气集箱 V1005 压力调节阀前切断阀 VB1026；

（20）打开水蒸气集箱 V1005 压力调节阀后切断阀 VB1027；

（21）高过器 E1501 水蒸气出口温度 TIRCA1003 大于 410 ℃；

（22）水蒸气集箱压力 PICA1004 由 HV1005 逐渐调节为 3.65 MPa；

（23）满足上述两个条件时，打开水蒸气集箱出口水蒸气关断阀 HV1002；

（24）打开水蒸气集箱压力调节 PICA1004，进行水蒸气并网；

（25）在打开 PICA1004 的同时逐渐关闭 HV1005；

（26）维持水蒸气集箱压力为 3.7 MPa；

（27）维持废热锅炉压力为 4.2 MPa；

（28）将 PICA1004 设为 3.7 MPa；

（29）将 PICA1004 设为自动；

（30）打开水蒸气集箱过热水蒸气温度调节阀 TV1003 前切断阀 VB1022；

（31）打开水蒸气集箱过热水蒸气温度调节阀 TV1003 后切断阀 VB1023；

（32）打开高过器低温段出口水蒸气温度调节阀 TV1004 前切断阀 VB1024；

（33）打开高过器低温段出口水蒸气温度调节阀 TV1004 后切断阀 VB1025；

（34）高过器 E1501 水蒸气出口温度 TIRCA1003 大于 445 ℃；

（35）当 TIRCA1003 大于 445 ℃时，打开 TIRCA1003；

（36）打开 TIRC1004；

（37）维持水蒸气集箱温度 TIRCA1003 为 450 ℃；

（38）将 TIRCA1003 设为 450 ℃；

（39）将 TIRCA1003 设为自动。

15. 废热锅炉加药排污

（1）打开汽包至连续排污器管道阀 VB1009；

（2）打开连续排污至除氧器切断阀 HV1006；

（3）打开除氧器及水箱至加药装置出口阀 VB1010；

（4）打开加药装置 X1001 搅拌器；

（5）打开加药装置 X1001 加药开关；

（6）打开加药泵至废热锅炉出口阀 VB1015；

（7）打开加药泵 P1002A 进口阀 VB1011；

（8）启动加药泵 P1002A；

（9）打开加药泵 P1002A 出口阀 VB1012。

16. 调节稳定

（1）稳定后，关闭 P1001A 回流阀 VB1016 或 P1001B 回流阀 VB1017；

（2）通过调节喷硫量和空气量维持焚硫炉出口温度为 1068.1 ℃；

（3）废热锅炉汽包压力 PIA1003A 维持在 4.2 MPa；

（4）通过调节 TIRC1004 维持高过器低温段出口水蒸气温度为 323 ℃；

（5）将 TIRC1004 设为 323 ℃；

（6）将 TIRC1004 设为自动；

（7）连续排污器 V1002 水蒸气进入除氧器后，将 PIC1001 设为 0.02 MPa；

（8）将 PIC1001 设为自动；

（9）当 FICA1202 接近 6.261 m³/h 时，将 FICA1202 设为 6.261 m³/h；

（10）将 FICA1202 设为自动；

（11）当 FICA1203 接近 6.261 m³/h 时，将 FICA1203 设为 6.261 m³/h；

（12）将 FICA1203 设为自动；

（13）通过调节 TICA1212 维持过热器出口温度为 440 ℃；

（14）将 TICA1212 设为 440 ℃；

（15）将 TICA1212 设为自动；

（16）通过调节 TICA1218 调节热换热器管程出口管温度为 440 ℃；

（17）将 TICA1218 设为 440 ℃；

（18）将 TICA1218 设为自动；

（19）通过调节 TICA1228 调节热换热器管程出口管温度为 412.16 ℃；

（20）将 TICA1228 设为 412.16 ℃；

（21）将 TICA1228 设为自动；

（22）通过调节 AICA1301 使干燥塔入口酸浓维持在 98%左右；

（23）将 AICA1301 设定值设为 98.487%；

（24）将 AICA1301 设为自动；

（25）通过调节 TICA1305 将干燥塔入口酸温维持在 65 ℃；

（26）TICA1305 稳定在 65 ℃后，将 TICA1305 设定值设为 65 ℃；

（27）将 TICA1305 设为自动；

（28）通过调节 TICA1306 将一吸塔入口酸温维持在 80 ℃；

（29）TICA1306 稳定在 80 ℃后，将 TICA1306 设定值设为 80 ℃；

（30）将 TICA1306 设为自动。

17. 稳定后投用联锁

（1）锅炉出口旁路联锁投用；

（2）风机停车联锁投用；

（3）焚硫炉出口温度高高联锁投用；

（4）脱盐水加热器联锁投用；

（5）鼓风机轴振动过大 V1401 联锁投用；

（6）鼓风机轴振动过大 V1402 联锁投用；

（7）鼓风机轴振动过大 V1403 联锁投用；

（8）鼓风机轴振动过大 V1404 联锁投用；

（9）齿轮箱轴振动过大 V1445A 联锁投用；

（10）齿轮箱轴振动过大 V1445B 联锁投用；

（11）齿轮箱轴振动过大 V1445C 联锁投用；

（12）齿轮箱轴振动过大 V1445D 联锁投用；

（13）齿轮箱轴振动过大 V1445E 联锁投用；

（14）齿轮箱轴振动过大 V1445F 联锁投用；

（15）汽轮机轴振动过大 V1441A 联锁投用；

（16）汽轮机轴振动过大 V1441B 联锁投用；

（17）汽轮机轴振动过大 V1443A 联锁投用；

（18）汽轮机轴振动过大 V1443B 联锁投用；

（19）汽轮机轴位移大 V1447A 联锁投用；

（20）汽轮机轴位移大 V1447B 联锁投用；

（21）速关油压力过低 P1422 联锁投用；

（22）汽轮机排气压力过低 P1424 联锁投用；

（23）三取二润滑油压力过低联锁投用。

（二）长期停车

1. 切除联锁

（1）切除锅炉出口旁路联锁；

（2）切除风机停车联锁；

（3）切除焚硫炉出口温度高高联锁；

（4）切除一吸塔酸泵联锁；

（5）切除二吸塔酸泵联锁；

（6）切除干燥塔酸泵联锁；

（7）切除脱盐水加热器联锁；

（8）切除鼓风机轴振动过大 V1401 联锁；

（9）切除鼓风机轴振动过大 V1402 联锁；

（10）切除鼓风机轴振动过大 V1403 联锁；

（11）切除鼓风机轴振动过大 V1404 联锁；

（12）切除齿轮箱轴振动过大 V1445A 联锁；

（13）切除齿轮箱轴振动过大 V1445B 联锁；

（14）切除齿轮箱轴振动过大 V1445C 联锁；

（15）切除齿轮箱轴振动过大 V1445D 联锁；

（16）切除齿轮箱轴振动过大 V1445E 联锁；

（17）切除齿轮箱轴振动过大 V1445F 联锁；

（18）切除汽轮机轴振动过大 V1441A 联锁；

（19）切除汽轮机轴振动过大 V1441B 联锁；

（20）切除汽轮机轴振动过大 V1443A 联锁；

（21）切除汽轮机轴振动过大 V1443B 联锁；

（22）切除汽轮机轴位移大 V1447A 联锁；

（23）切除汽轮机轴位移大 V1447B 联锁；

（24）切除速关油压力过低 P1422 联锁；

（25）切除汽轮机排气压力过低 P1424 联锁；

（26）切除三取二润滑油压力过低联锁。

2. 停止喷硫

（1）关闭炉前地下槽液位控制 LICA1201，停止加硫；

（2）地下槽液位 LICA1201 低于 10%；

（3）将 FICA1202 设为手动；

（4）关闭 FICA1202；

（5）停精硫泵 P1201A；

（6）将 FICA1203 设为手动；

（7）关闭 FICA1203；

（8）停精硫泵 P1201B；

（9）关闭焚硫炉 1 号喷嘴入口阀 VB1206；

（10）关闭焚硫炉 2 号喷嘴入口阀 VB1207；

（11）关闭焚硫炉 3 号喷嘴入口阀 VB1208；

（12）关闭焚硫炉 4 号喷嘴入口阀 VB1209；

（13）同时打开鼓风机出口放空阀 FV1401；

（14）关闭干燥塔空气进口阀 HV1304；

（15）打开 P1201A 侧回流阀 VB1214；

（16）打开 P1201B 侧回流阀 VB1215；

（17）停止喷硫时，关闭干燥塔入塔酸浓控制 AICA1301，停止加水；

（18）关闭废热锅炉排污阀 VB1009；

（19）关闭水蒸气集箱出口水蒸气切断阀 HV1002；

（20）停循环水风机 P1087；

（21）停循环水风机 P1088。

3. 喷油吹净

（1）打开转化器Ⅲ段至Ⅳ段一转一吸阀 VG1210；

（2）关闭冷换热器至省煤器Ⅰ管道阀 VB1217，系统转一转一吸；

（3）拔出硫枪；

（4）向焚硫炉内插入油枪；

（5）打开干燥塔空气进口阀 HV1304；

（6）打开油泵 P1202 进口阀 VB1211；

（7）启动油泵 P1202；

（8）按下点火按钮；

（9）打开焚硫炉燃油入口阀 VG1205；

（10）确认焚硫炉出现火焰；

（11）打开水蒸气集箱放空阀 HV1005，放空锅炉水蒸气；

（12）打开汽包放空阀 VG1013，放空锅炉水蒸气；

（13）锅炉水蒸气降至接近大气压；

（14）废热锅炉液位维持在 50%左右。

4. 喷油期间干吸换酸

（1）打开循环酸泵槽灌酸阀 VG1317；

（2）换酸期间，成品酸槽液位维持在 50%；

（3）换酸期间，循环酸槽液位维持在 10%；

（4）仿真喷油 1 min 后，确认低温过热器出口取样分析合格：（SO_2+SO_3）浓度 <0.05%；

（5）取样分析合格后，关闭焚硫炉燃油入口阀 VG1205；

（6）停油泵 P1202；

（7）关闭油泵 P1202 进口阀 VB1211；

（8）拔出油枪；

（9）关闭循环酸泵槽灌酸阀 VG1317。

5. 汽风机停车

（1）调节干燥塔入口酸温控制 TICA1305，使干燥塔出口气温度低于 60 ℃；

（2）转化器Ⅰ段触媒层下层温度 TI1209A 降温到低于 60 ℃；

（3）转化器Ⅱ段触媒层下层温度 TI1221A 降温到低于 60 ℃；

（4）转化器Ⅲ段触媒层下层温度 TI1215A 降温到低于 60 ℃；

（5）转化器Ⅳ段触媒层下层温度 TI1231A 降温到低于 60 ℃；

（6）满足上述条件后，逐渐降低汽轮机转速至 2200 r/min；

（7）通过关闭速关油关闭汽轮机主汽阀，热网解列；

（8）按下风机急停按钮，停风机；

（9）关闭汽轮机出口水蒸气切断阀 HV1004；

（10）关闭干燥塔空气进口阀 HV1304；

（11）关闭焚硫炉主空气入口阀 VG1202；

（12）关闭焚硫炉前部空气入口阀 VG1203；

（13）关闭焚硫炉后部空气入口阀 VG1212；

（14）关闭废热锅炉炉气管出口阀 VG1214；

（15）关闭低过器至省煤器 2 管道阀 VB1218。

6. 干吸工段停车

（1）关闭干燥塔酸泵出口阀 VG1318；

（2）停运干燥塔酸泵 P1401；

（3）关闭一吸塔酸泵出口阀 VG1319；

（4）停运一吸塔酸泵 P1402；

（5）关闭二吸塔酸泵出口阀 VG1320；

（6）停运二吸塔酸泵 P1403；

（7）打开干燥塔酸冷却器的底阀 VB1310；

（8）打开一吸塔酸冷却器的底阀 VB1311；

（9）打开成品酸冷却器的底阀 VB1313；

（10）打开循环酸泵槽的放酸阀 VB1315；

（11）打开成品酸槽的放酸阀 VB1314；

（12）关闭干燥塔酸冷却器的进口水阀 VG1301；

（13）关闭干燥塔酸冷却器的出口水阀 VG1302；

（14）关闭一吸塔酸冷却器的进口水阀 VG1303；

（15）关闭一吸塔酸冷却器的出口水阀 VG1304；

（16）关闭脱盐水加热器的进口水阀 PV1306；

（17）关闭脱盐水加热器的出口水阀 HV1301；

（18）关闭成品酸冷却器的进口水阀 VG1309；

（19）关闭成品酸冷却器的出口水阀 VG1310；

（20）关闭成品酸液位控制 LIC1302；

（21）成品酸槽的出口流量显示 FIQ1305 为 0；

（22）FIQ1305 为 0 后，关闭成品酸槽出口阀 VG1322；

（23）停成品酸泵 P1406A；

（24）开卸酸泵进口阀 VB1308；

（25）开卸酸泵 P1404；

（26）开卸酸泵出口阀 VG1321；

（27）成品酸槽液位 LIC1302 为 0；

（28）循环酸泵槽液位 LIC1301 为 0；

（29）关闭阳极保护；

（30）关闭干燥塔酸冷却器的底阀 VB1310；

（31）关闭一吸塔酸冷却器的底阀 VB1311；

（32）关闭成品酸冷却器的底阀 VB1313；

（33）关闭卸酸泵出口阀 VG1321；

（34）停卸酸泵 P1404；

（35）关闭卸酸泵进口阀 VB1308；

（36）关闭循环酸泵槽的放酸阀 VB1315；

（37）关闭成品酸槽的放酸阀 VB1314。

7. 停止供水

（1）关闭锅炉液位调节 LRCA1004，停止锅炉给水；

（2）关闭除氧水泵 P1001A 出口阀 VB1002；

（3）停除氧水泵 P1001A；

（4）关闭除氧水泵 P1001A 进口阀 VB1001；

（5）关闭除氧器及水箱液位调节 LICA1001，停止除氧器给水；

（6）关闭循环水泵 P104A1 出口阀 VG1085；

（7）停循环水泵 P104A1；

（8）关闭循环水泵 P104A1 进口阀 VG1084。

（三）短期停车

1. 切除联锁

（1）切除锅炉出口旁路联锁；

（2）切除风机停车联锁；

（3）切除焚硫炉出口温度高高联锁；

（4）切除一吸塔酸泵联锁；

（5）切除二吸塔酸泵联锁；

（6）切除干燥塔酸泵联锁；

（7）切除脱盐水加热器联锁；

（8）切除鼓风机轴振动过大 V1401 联锁；

（9）切除鼓风机轴振动过大 V1402 联锁；

（10）切除鼓风机轴振动过大 V1403 联锁；

（11）切除鼓风机轴振动过大 V1404 联锁；

（12）切除齿轮箱轴振动过大 V1445A 联锁；

（13）切除齿轮箱轴振动过大 V1445B 联锁；

（14）切除齿轮箱轴振动过大 V1445C 联锁；

（15）切除齿轮箱轴振动过大 V1445D 联锁；

（16）切除齿轮箱轴振动过大 V1445E 联锁；

（17）切除齿轮箱轴振动过大 V1445F 联锁；

（18）切除汽轮机轴振动过大 V1441A 联锁；

（19）切除汽轮机轴振动过大 V1441B 联锁；

（20）切除汽轮机轴振动过大 V1443A 联锁；

（21）切除汽轮机轴振动过大 V1443B 联锁；

（22）切除汽轮机轴位移大 V1447A 联锁；

（23）切除汽轮机轴位移大 V1447B 联锁；

（24）切除速关油压力过低 P1422 联锁；

（25）切除汽轮机排气压力过低 P1424 联锁；

（26）切除三取二润滑油压力过低联锁。

2. 焚硫转化停车

（1）将转化器 R1501 第 Ⅰ 段触媒层上层温度提高到 425 ℃；

（2）将转化器 R1501 第 Ⅳ 段触媒层上层温度提高到 417 ℃；

（3）将 FICA1202 设为手动；

（4）逐步将 FICA1202 开度减小，减小喷硫量；

（5）将 FICA1203 设为手动；

（6）逐步将 FICA1203 开度减小，减小喷硫量；

（7）当 FICA1202 低于 1.26 m^3/h 时，关闭 FICA1202；

（8）当 FICA1203 低于 1.26 m^3/h 时，关闭 FICA1203；

（9）停精硫泵 P1201A；

（10）停精硫泵 P1201B；

（11）关闭焚硫炉 1 号喷嘴入口阀 VB1206；

（12）关闭焚硫炉 2 号喷嘴入口阀 VB1207；

（13）关闭焚硫炉 3 号喷嘴入口阀 VB1208；

（14）关闭焚硫炉 4 号喷嘴入口阀 VB1209；

（15）在降低喷硫量的过程中，通过降低转速逐步减小风量；

（16）停止喷硫同时，关闭干吸工段循环水加水阀 AV1301；

（17）循环酸槽液位维持在 70%。

3. 汽风机停车

（1）停止喷硫后，逐渐降低汽轮机转速至 2200 r/min；

（2）继续通风 3～5 min（仿真 20 s），通过关闭速关油关闭汽轮机主汽阀，热网解列；

（3）按下风机急停按钮，停风机；

（4）关闭汽轮机出口水蒸气切断阀 HV1004；

（5）关闭干燥塔空气进口阀 HV1304；

（6）关闭焚硫炉主空气入口阀 VG1202；

（7）关闭焚硫炉前部空气入口阀 VG1203；

（8）关闭焚硫炉后部空气入口阀 VG1212；

（9）关闭废热锅炉炉气管出口阀 VG1214；

（10）关闭冷换热器至省煤器 1 管道阀 VB1217；

（11）关闭低过器至省煤器 2 管道阀 VB1218。

4. 废热锅炉停车

（1）关闭水蒸气集箱出口水蒸气切断阀 HV1002；

（2）关闭废热锅炉至连续排污出口阀 VB1009；

（3）废热锅炉液位维持在 50%左右，维持废热锅炉压力为 4.2 MPa。

四、事故及处理方法

1. 除氧水泵 P1001A 坏

现象：（1）废热锅炉供水流量 FRQ1002 下降；

（2）废热锅炉液位 LRCA1004 下降；

（3）除氧器及水箱液位 LICA1001 上升。

处理：（1）打开除氧水泵 P1001B 进口阀 VB1003；

（2）启动除氧水泵 P1001B；

（3）打开除氧水泵 P1001B 出口阀 VB1004；

（4）调节 LRCA1004 维持废热锅炉汽包液位稳定在 50%；

（5）关闭除氧水泵 P1001A 出口阀 VB1002；

（6）停除氧水泵 P1001A；

（7）关闭除氧水泵 P1001A 进口阀 VB1001。

2. 精硫槽 V1201 进硫管堵塞

现象：精硫槽 V1201 液位 LICA1201 下降。

处理：（1）打开备用进硫管阀门 VG1215；

（2）关闭 V1201 液位调节 LICA1201；

（3）通过调节 VG1215 维持精硫槽液位稳定在 50%。

3. 高过器水蒸气温度调节阀 TV1003 卡死

现象：水蒸气集箱过热水蒸气温度 TIRCA1003 上升。

处理：（1）打开 TV1003 旁通阀 VG1003；

（2）关闭 TV1003 后切断阀 VB1023；

（3）关闭 TV1003 前切断阀 VB1022；

（4）调节旁通使高过器出口水蒸气温度稳定在 450 ℃。

4. 高过器炉气温度调节 TICA1212 误操作

现象：高过器出口温度 TICA1212 上升。

处理：（1）调节 TICA1212 使高过器炉气温度稳定在 440 ℃；

（2）稳定后将 TICA1212 设为 440 ℃。

5. 成品酸泵 P1406A 坏

现象：成品酸槽液位 LIC1302 上升。

处理：（1）关闭成品酸泵 P1406A 出口阀 VB1302；

（2）停成品酸泵 P1406A；

（3）启动成品酸泵 P1406B；

（4）打开成品酸泵 P1406B 出口阀 VB1301；

（5）调节 LIC1302 维持成品酸槽液位稳定在 50%。

6. 循环酸泵槽液位调节阀 LV1301 卡死

现象：（1）循环酸槽液位 LIC1301 上升；

（2）成品酸槽液位 LIC1302 下降。

处理：（1）打开 LV1301 旁通阀 VG1307；

（2）关闭 LV1301 后切断阀 VB1303；

（3）关闭 LV1301 前切断阀 VB1304；

（4）调节旁通使循环酸泵槽液位稳定在 70%；

（5）使成品酸槽液位稳定在 50%。

7. 干燥塔入塔酸浓度 AICA1301 误操作

现象：干燥塔入塔酸浓 AICA1301 下降。

处理：（1）调节 AICA1301 使干燥塔入塔酸浓稳定在 98%左右；

（2）稳定后将 AICA1301 设为 98.487%；

（3）将 AICA1301 设为自动。

思考题

1. 简述硫黄制硫酸工艺的原理及工艺流程。

2. 二氧化硫在固体触媒上转化为三氧化硫的过程及触媒的催化作用是什么？

3. 循环酸泵槽液位调节阀 LV1301 卡死有何现象？应如何处理？

第四章
尿素工艺仿真实验

一、实验目的

（1）了解尿素工艺的原理及工艺流程。

（2）掌握尿素工艺的操作规程。

（3）掌握尿素工艺中常见事故的主要现象和处理方法。

二、工艺流程简介

（一）压缩工段

1. CO₂ 流程说明

来自合成氨装置的原料气 CO_2 压力为 150 kPa（A），温度 38 ℃，流量由 FR8103 计量。进入 CO_2 压缩机一段分离器 V-111，在此分离掉 CO_2 气相中夹带的液滴后进入 CO_2 压缩机的一段入口；经过一段压缩后，CO_2 压力上升为 0.38 MPa（A），温度 194 ℃；进入一段冷却器 E-119 用循环水冷却到 43 ℃，为了保证尿素装置防腐所需氧气，在 CO_2 进入 E-119 前加入适量来自合成氨装置的空气，流量由 FRC-8101 调节控制，CO_2 中氧含量 0.25%～0.35%；在一段分离器 V-119 中分离掉液滴后进入二段进行压缩，二段出口 CO_2 压力 1.866 MPa（A），温度为 227 ℃；然后进入二段冷却器 E-120 冷却到 43 ℃，并经二段分离器 V-120 分离掉液滴后进入三段。

在三段入口设计有段间放空阀，便于低压缸 CO_2 压力控制和快速泄压。CO_2 经三段压缩后压力升到 8.046 MPa（A），温度 214 ℃，进入三段冷却器 E-121 中冷却。为防止 CO_2 过度冷却而生成干冰，在三段冷却器冷却水回水管线上设计有温度调节阀 TV-8111，用此阀来控制四段入口 CO_2 温度在 50～55 ℃。冷却后的 CO_2 进入四段压缩后压力升到 15.6 MPa（A），温度为 121 ℃，进入尿素高压合成系统。为防止 CO_2 压缩机高压缸超压、喘振，在四段出口管线上设计有四回一阀 HV-8162（即 HIC8162）。

2. 水蒸气流程说明

主蒸气压力 5.882 MPa，温度 450 ℃，流量 82 t/h，进入透平做功，其中一大部分在透平中部被抽出；抽气压力 2.598 MPa，温度 350 ℃，流量 54.4 t/h，送至框架和冷凝液泵和润滑油泵的透平，另一部分通过中压调节阀进入透平后汽缸继续做功。在透平最末几级注入的低压水蒸气，低压蒸气压力 0.343 MPa，温度 147 ℃，流量 12 t/h，做完功后的乏汽进入表冷器 E-122 中进行冷凝，其中不凝性气体被抽气器抽出放空，水蒸气冷凝液被泵送出界区。

主水蒸气管网到中压水蒸气管网设计有 PV8203 阀（即 PIC8203），以备机组停车后，工艺框架水蒸气需要。

（二）合成及高低压循环工段

1. 液氨输送说明

来自界区的原料液氨压力约 2.1 MPa（表压），温度 30 ℃左右，经计量后通过氨吸收塔 C-105 进入氨槽 V-105，新鲜液氨和氨冷凝器 E-109 冷凝的液氨一并经氨升压泵 P-105A/B 加压，一部分入 C-101，其余全部用高压液氨泵 P-101A/B/C 加压至 21.7 MPa（表压）进入合成高压圈。在此之前，先在氨预热器 E-107 中用低压分解气作热源进行预热，预热后温度在 94 ℃左右。

因此，液氨的输送由氨升压泵和高压液氨泵来完成。高压液氨泵为往复式柱塞泵。

2. 尿素合成和高压回收说明

由 CO_2 压缩机送来的 CO_2 气体及高压液氨泵加压并预热后的高压液氨作为甲胺循环喷射器 L-101 的驱动流体；将来自甲胺分离器 V-101 的甲胺液增压送入尿素合成塔 R-101。CO_2 反应生成尿素是在尿素合成塔内进行。

合成塔操作压力 15.2 MPa（表压），温度 188 ℃，合成反应 $n(NH_3)/n(CO_2)$ 为 3.4 ~ 3.6，$n(H_2O)/n(CO_2)$ 为 0.6，CO_2 转化率 62% ~ 64%。合成反应液经出液管和蝶阀流到气提塔 E-101 上管箱进行气液分离，并由液体分配器将混合物沿着壁流下及加热，操作压力为 14.4 MPa（表压），壳侧用 2.17 MPa（表压）水蒸气加热。由于溶液中过剩氨的自气提作用，促进甲胺的分解，降低了溶液中 CO_2 的含量。

气提塔 E101 顶部出气和中压吸收塔 C-101 回收并经高压碳铵预热器 E-105 预热后的碳铵液一并进入甲胺分离器 V-101，在高温度高压下冷凝，回收甲胺反应及冷凝热，产生 0.34 MPa（表压）水蒸气。自甲胺冷凝器出来的气液混合物在甲胺分离器 V101 内分离，液相由甲胺循环喷射器 L101 返回到尿素合成塔 R101。

从甲胺分离器 V101 分离出来的不凝性气体中含有少量的 NH_3 和 CO_2，经减压后进入中压分解塔底部用罐 L-102 内。该减压阀为分程控制，超压（9 atm 左右）条件下可将不凝性气体排至放空筒。

3. 中压分解和循环

气提塔 E101 底部的溶液减压到 1.67 MPa（表压）进入中压分解塔 E-102A/B，未转化成尿素的甲胺在此分解，上部 E-102A 壳侧用 0.49 MPa（表压）水蒸气加热，下部

E-102B 壳侧用气提塔出来的 2.17 MPa（表压）水蒸气冷凝液加热。

从中压分解塔分离器 V102 顶部出来的中压分解气含有大量 NH_3 和 CO_2，先送到真空预浓缩器 E-113 壳侧进行热能回收，在此被自低压回收段来的溶液部分吸收冷凝为碳铵溶液。然后进入中压冷凝器 E-106 用冷却水进行冷却，最后进入中压吸收塔 C-101 回收 NH_3 和 CO_2。

中压吸收塔 C101 上段为泡罩塔精馏段，用氨水吸收 CO_2 和精馏氨，使精馏段顶部出来的带有惰性气体的富氨气中含 CO_2 仅为 $2\times10^{-5} \sim 1\times10^{-4}$。然后进入氨冷凝器 E-109，气氨冷凝成液氨并进氨回收塔 C-105，未冷凝的含氨的惰性气进入中压氨吸收器 E-111 和中压惰洗塔 C-103，冷凝在的液氨流入氨槽 V-105。在中压氨吸收器和中压惰洗塔中，用水蒸气冷凝液洗涤含氨的惰性气体，回收氨后惰性气体经排气筒 V-113 放空。

中压吸收塔 C101 底部出来的溶液通过高压碳铵溶液泵 P-102A/B/C 加压后返回到合成圈。

从中压氨吸收器 E111 底部出来的氨水溶液用氨溶液泵 P-107A/B 送至中压吸收塔，少部分用作中压氨吸收器的内循环液。

4. 低压分解和循环

中压分解塔用罐 L-102 底部的尿液减压到 0.3 MPa（表压）进入低压分解塔分离器 V-103，尿液在此闪蒸并分离，分离后的尿液进入低压分解塔 E-103，在此将残留的甲胺进行分解，分解所需的热量由 0.3 MPa（表压）低压水蒸气供给。离开低压分解塔分离器顶部的气体与来自解吸塔 C-102 和水解器 R-102 的气相一并进入高压氨预热器，利用混合气体的显热和部分冷凝热预热原料液氨。然后进入低压冷凝器 E-108 用冷却水进一步冷却，使冷凝后的溶液流入碳铵溶液槽 V-106，未冷凝气体经低压氨吸收塔 E-112 和低压惰洗塔 C-104 在此用水蒸气冷凝液洗涤其含氨的惰性气体，回收氨后惰性气体经排气筒 V-113 放空。

低压冷凝液及低压氨吸收塔 C104 出液储存在碳铵溶液槽 V106 内，然后经中压碳铵溶液泵 P-103A/B 加压后先在真空预浓缩器 E113 中作为中压分解气的吸收液，然后进中压冷凝器 E106。部分中压碳铵溶液送解吸塔 C102 顶作为顶部回流液。

5. 尿液浓缩

离开低压分解塔用罐 L-103 底部分的尿液质量分数约 70%，首先减压后送真空预浓缩分离器 V-104 在此闪蒸分离，液相进真空预浓缩器 E-113，在此被中压分解气的冷凝反应热加热浓缩到 83% 左右，然后尿液由真空预浓缩用罐 L-104 底部出来后，用尿素溶液泵 P-106A/B 送到一段真空浓缩器 E-114 内浓缩到 95%。加热浓缩尿液采用 0.34 MPa（表压）低压水蒸气，真空预浓缩和一段真空浓缩器均在 0.034 MPa（绝压）下操作，一段真空系统包括水蒸气喷射器 EJ-151 和冷凝器 E-151 和 E-152 等。一段真空浓缩器浓缩后的尿液经一段真空分离器 V-114 分离后，蒸发气相与真空预浓缩分离器来气体一并在一段真空系统冷凝器 E-151 内冷凝。

6. 工艺冷凝液处理

来自真空系统的工艺冷凝液，收集在工艺冷凝液槽 T-102 内。收集在碳铵液排放槽 T-104 的排放液，用排放槽回收泵 P-116A/B 送至工艺冷凝液槽内。

用解吸塔进料泵 P-114A/B 将工艺冷凝液送到解吸塔 C-102 的顶部，在进塔之前先在解吸塔第一预热器 E-116 内用解吸塔底部出来的净化水预热，然后再进解吸塔第二预热器 E-117 用水蒸气冷凝液预热。

解吸塔 C-102 分成上、下两段，塔底用 0.49 MPa（表压）水蒸气热至 220 ℃后进入水解器 R-102。在水解器中用 HS 5.2 MPa（绝压）水蒸气直接加热，使尿素水解成 NH_3 和 CO_2。水解器操作压力 3.53 MPa（绝压），温度 236 ℃左右。

水解器 R102 出液经水解器预热器 E118A/B 与进水解器的溶液换热后进解吸塔 C102 下段的顶部，在逆流解吸过程中将溶液中的 NH_3 和 CO_2 解吸逸出，从塔底排出的净化水最终尿素和 NH_3 的质量分数各小于 $3×10^{-6} \sim 5×10^{-6}$。该净化水温度约 151 ℃，先后经高压碳铵液预热器 E104、解吸塔第一预热器 E116 回收热量后，最后由工艺冷凝液泵 P-117A/B 送出界区，也可作为锅炉给水利用。

离开水解器的气相和从解吸塔顶部排出的含 NH_3、CO_2 和水蒸气的混合气体一并与低压分解塔分离出来的气体混合后依次进入氨预热器和低压冷凝器进行冷凝回收。

三、操作规程

（一）冷态开车

1. 准备工作：引循环水

（1）压缩机岗位 E119 开循环水阀 OMP1001，引入循环水；

（2）压缩机岗位 E120 开循环水阀 OMP1002，引入循环水；

（3）压缩机岗位 E121 开循环水阀 TIC8111，引入循环水；

（4）压缩机岗位 E122 开循环水阀 OMP1020，引入循环水；

（5）浓缩岗位 E151 开循环水阀 OMP2166，OMP2167 引入循环水；

（6）浓缩岗位 E152 开循环水阀 OMP2168 引入循环水；

（7）中压循环岗位 E109 开循环水阀 OMP2132，引入循环水；

（8）打开 E109 循环水控制阀 HIC9302；

（9）中压循环岗位 E111 开循环水阀 OMP2133，引入循环水；

（10）低压循环岗位 E108 开循环水阀 TMPV253，引入循环水；

（11）低压循环岗位 E112 开循环水阀 OMP2152，引入循环水；

（12）解析岗位 E130 开循环水阀 OMP2192，引入循环水；

（13）工艺水处理岗位 E110 开循环水阀 OMP2096，引入循环水；

（14）工艺水处理岗位 E131 开循环水阀 OMP2095，引入循环水。

2. CO₂压缩机油系统开车

（1）启动油箱加热器 OMP1045，将油温升到 40 ℃左右；

（2）打开泵的前切断阀 OMP1026；

（3）开启油泵 OIL PUMP；

（4）打开泵的后切断阀 OMP1048；

（5）打开油箱 V-122 加油阀 OMP1029；

（6）开启盘车泵的前切断阀 OMP1031；

（7）开启盘车泵；

（8）开启盘车泵的后切断阀 OMP1032；

（9）盘车。

3. 水蒸气系统开车

（1）打开脱盐水充液阀 OMP1019，E-122 充液；

（2）E-122 液位 LIC8207 到 50%后，关闭脱盐水充液阀 OMP1019；

（3）打开 P118A 泵前切断阀 OMP1022；

（4）打开 P118B 泵前切断阀 OMP1024；

（5）启动 P18A 泵；

（6）启动 P118B 泵；

（7）打开 P118A 泵后切断阀 OMP1023；

（8）打开 P118B 泵后切断阀 OMP1025；

（9）打开水蒸气冷凝液出料截止阀 OMP1021；

（10）打开入界区水蒸气副线阀 OMP1006，准备引水蒸气；

（11）管道内蒸气压力上升到 5.0 MPa 后，开入界区水蒸气阀 OMP1005；

（12）关副线阀 OMP1006；

（13）打开控制阀 PIC8203；

（14）打开水蒸气透平主水蒸气管线上的切断阀 OMP1007。

4. CO₂气路系统开车准备

（1）全开段间放空阀 HIC8101；

（2）全开防喘振阀 HIC8162；

（3）打开 CO₂ 放空截止阀 TMPV274；

（4）打开 CO₂ 放空调节阀 PIC9203。

5. 透平真空冷凝系统开车

（1）打开辅抽的水蒸气切断阀 OMP1013；

（2）打开辅抽的惰气切断阀 OMP1016；

（3）E-122 的真空达-60 kPa 后，打开二抽的水蒸气切断阀 OMP1014；

（4）打开二抽的惰气切断阀 TMPV182；

（5）打开一抽的水蒸气切断阀 OMP1012；

（6）打开一抽的惰气切断阀 OMP1015；

（7）E-122 的真空达-80 kPa 后，停辅抽关阀 OMP1016；

（8）E-122 的真空达-80 kPa 后，停辅抽关阀 OMP1013。

6. 压缩机升速升压

（1）CO_2 进入系统前，打开 FRC8101 开度至 50%，以进行尿素装置防腐；

（2）打开 CO_2 进料总阀 OMP1004；

（3）关闭盘车泵的后切断阀 OMP1032；

（4）停盘车泵；

（5）关闭盘车泵的前切断阀 OMP1031；

（6）停盘车；

（7）打开油冷器冷却水阀 TMPV181；

（8）逐渐打开阀 HIC8205，将手轮转速 SI8335 提高到 3000 r/min；

（9）打开截止阀 OMP1009；

（10）逐渐打开 PIC8224 到 50%；

（11）将 PIC8203 投自动，并将 SP 设定在 2.5 MPa；

（12）逐渐打开阀 HIC8205，将手轮转速 SI8335 提高到 5500 r/min；

（13）将段间放空阀 HIC8101 关小到 50%；

（14）继续逐渐打开阀 HIC8205，将手轮转速 SI8335 提高到 6052 r/min；

（15）将段间放空阀 HIC8101 关小到 25%；

（16）将四回一阀 HIC8162 关小到 75%；

（17）打开低压水蒸气入透平岗位截止阀 OMP1017；

（18）逐渐打开低压水蒸气流量调节阀 FRC8203；

（19）调节低压水蒸气流量调节阀 FRC8203 使流量稳定在 12 t/h；

（20）调整 HIC8205，将手轮转速 SI8335 稳定在 6935 r/min；

（21）后续根据工艺负荷要求逐渐关小段间放空阀和四回一阀（提示不用操作）。

7. 各工艺设备预充液

（1）打开界区脱盐水入口总阀 OMP2089 向 V-110 充液至 80%；

（2）将 LIC9801 投自动，并将 SP 设定在 80%；

（3）打开 LV9801B 后截止阀 TMPV280；

（4）打开 T101 充液阀 OMP2175，向 T101 充液；

（5）T101 液位 LI9551 达到 10% 后关闭充液阀 OMP2175；

（6）打开 T102 充液阀 TMPV246，向 T102 充液；

（7）T102 液位 LI9502 达到 50% 后关闭充液阀 TMPV246；

（8）打开 V106 充液阀 OMP2178，向 V106 充液；

（9）V106 液位 LI9403 达到 50%后关闭充液阀 OMP2178；

（10）打开 L102 充液阀 TMPV275，向 L102 充液；

（11）L102 液位 LIC9301 达到 50%后关闭充液阀 TMPV275；

（12）打开 L103 充液阀 TMPV277，向 L103 充液；

（13）L103 液位 LIC9401 达到 50%后关闭充液阀 TMPV277；

（14）打开 L104 充液阀 TMPV278，向 L104 充液；

（15）L104 液位 LRC9402 达到 50%后关闭充液阀 TMPV278；

（16）建立中、低压冲水及 P110 循环（提示不用操作）；

（17）打开泵 P110A 前阀 OMP2075；

（18）打开泵 P110B 前阀 OMP2077；

（19）启动 P110A 泵；

（20）启动 P110B 泵；

（21）打开泵 P110A 后阀 OMP2076；

（22）打开泵 P110B 后阀 OMP2078；

（23）打开低压充水阀 PIC9808，将压力提升至 1.0 MPa；

（24）将 PIC9808 投自动，并将 SP 设定在 1.0；

（25）打开中压充水阀 PIC9815，将压力提升至 2.4；

（26）将 PIC9815 投自动，并将 SP 设定在 2.4；

（27）打开 P110 至 E110 截止阀 OMP2099；

（28）打开泵 P111 前阀 OMP2080；

（29）打开泵 P111 后阀 OMP2094；

（30）稍开 PIC9807；

（31）启动 P111 泵，向 V110 打循环；

（32）打开泵 P113A 前阀 OMP2120；

（33）打开泵 P113B 前阀 OMP2125；

（34）启动 P113A 泵；

（35）启动 P113B 泵；

（36）打开泵 P113A 后阀 OMP2121；

（37）打开泵 P113B 后阀 OMP2117；

（38）打开 E105 入口截止阀 TMPV284，向 E105 充液至 30%；

（39）打开 E105 出口调节阀后阀 OMP2124；

（40）将 LIC9205 投自动，并将 SP 设定在 30%；

（41）打开 V109 入口截止阀 TMPV285，向 V109 充液至 50%；

（42）将 LIC9203 投自动，并将 SP 设定在 50%；

（43）打开 V109 出口阀 OMP2139；

（44）打开 E102B 出口至 E105 之截止阀 TMPV282。

8. 水蒸气系统的建立；

（1）打开控制阀 PRC9803A；

（2）打开控制阀 PRC9803B；

（3）打开 TIC9810 的切断阀 TMPV294；

（4）打开 TIC9810；

（5）TIC9810 达到 145 ℃左右，将 TIC9810 投自动，并将 SP 设定在 145；

（6）压力达到 0.35 MPa 左右，将 PRC9803A 投自动，并将 SP 设定在 0.35；

（7）压力达到 0.35 MPa 左右，将 PRC9803B 投自动，并将 SP 设定在 0.35；

（8）打开各夹套水蒸气切断阀 TMPV290。

9. 中压系统引 NH_3

（1）打开氨入界区截止阀 OMP2136；

（2）缓慢打开 LIC9305，向 V105 引 NH_3 至 70%；

（3）缓慢打开 E109 至 V105 的液相切断阀 TMPV251；

（4）缓慢打开 V102 至 E113 气相切断阀 TMPV276；

（5）打开 E106 至 C101 气相切断阀 OMP2130；

（6）打开泵 P105A 进口切断阀 OMP2142，引 NH_3 进泵体；

（7）打开泵 P105B 进口切断阀 OMP2144，引 NH_3 进泵体；

（8）打开泵 P105A 出口切断阀 OMP2143；

（9）打开泵 P105B 出口切断阀 OMP2145；

（10）打开泵 P105 回 V105 副线阀 OMP2140；

（11）打开泵 P101A 进口切断阀 OMP2101，引 NH_3 进泵体；

（12）打开泵 P101B 进口切断阀 OMP2104，引 NH_3 进泵体；

（13）打开泵 P101C 进口切断阀 OMP2107，引 NH_3 进泵体；

（14）打开泵 P101A 回 V105 副线阀 OMP2103；

（15）打开泵 P101B 回 V105 副线阀 OMP2106；

（16）打开泵 P101C 回 V105 副线阀 OMP2109；

（17）打开泵 P107A 进口切断阀 OMP2146，引 NH_3 进泵体；

（18）打开泵 P107B 进口切断阀 OMP2148，引 NH_3 进泵体；

（19）打开泵 P107A 出口切断阀 OMP2147；

（20）打开泵 P107B 出口切断阀 OMP2149；

（21）启动 P105A 泵；

（22）启动 P105B 泵；

（23）打开泵 P105 副线上的夹套水蒸气阀 TMPV289，将罐 V-105 压力提至 1.5 MPa；

（24）V105 压力达到 1.5 MPa 后关 P105 副线上的夹套水蒸气阀 TMPV289；

（25）将 PRC9305 投自动，并将 SP 设定在 1.55 MPa。

10. 低压系统 NH$_3$化

（1）打开泵 P103 至 E107 的切断阀 OMP2155；

（2）打开 LIC9302；

（3）打开泵 P103A 前阀 OMP2157；

（4）打开泵 P103B 前阀 OMP2159；

（5）启动 P103A 泵；

（6）启动 P103B 泵；

（7）打开泵 P103A 后阀 OMP2158；

（8）打开泵 P103B 后阀 OMP2160；

（9）打开 HIC9301 建立循环；

（10）建立循环：P103-E113-E106-C101-V106-P103（提示不用操作）；

（11）建立循环：P103-E107-E108-V106-P103（提示不用操作）；

（12）密切监视 C-101，LIC9302 的液位，可稍开 HIC9301（提示不用操作）。

11. 高压系统升温

（1）稍开 V110 的加热水蒸气阀 TMPV295，将 V110 预热至 120 ℃；

（2）将 PRC9804 投自动，并将 SP 设定在 0.12；

（3）打开 TIC9803；

（4）将 TIC9803 投自动，并将 SP 设定在 120 ℃；

（5）打开 TMPV283 预热 V109；

（6）打开阀 PIC9210 预热 V109，并将压力控制在 0.15～0.20 MPa。

12. 高压系统 NH$_3$升压

（1）打开高压系统导淋阀 TMPV235，排积液；

（2）打开高压系统导淋阀 TMPV239，排积液；

（3）关闭导淋阀 TMPV235；

（4）关闭导淋阀 TMPV239；

（5）将 V105 液位控制 LIC9305 投自动，设定在 50%；

（6）打开 NH$_3$开车管线上的切断阀 OMP2116；

（7）启动 P101 润滑油泵；

（8）启动 P101 油封泵；

（9）启动 P101 油温控制；

（10）打开泵 P101A 出口切断阀 OMP2102；

（11）打开泵 P101B 出口切断阀 OMP2105；

（12）打开泵 P101C 出口切断阀 OMP2108；

（13）启动 P101A 泵；

（14）启动 P101B 泵；

（15）启动 P101C 泵；

（16）调节 P101A 转速 SIK9101；

（17）调节 P101B 转速 SIK9102；

（18）调节 P101C 转速 SIK9103；

（19）关闭泵 P-105 副线切断阀 OMP2140；

（20）关闭泵 P101A 回 V105 副线阀 OMP2103；

（21）关闭泵 P101B 回 V105 副线阀 OMP2106；

（22）关闭泵 P101C 回 V105 副线阀 OMP2109；

（23）调节 V109 蒸气压力等工艺参数，将 TI9207 控制在 166 ℃左右；

（24）PIC9210,PRC9207 升至 9.0 MPa 时,打开泵 P101A 回 V105 副线阀 OMP2103；

（25）PIC9210,PRC9207 升至 9.0 MPa 时,打开泵 P101B 回 V105 副线阀 OMP2106；

（26）PIC9210,PRC9207 升至 9.0 MPa 时,打开泵 P101C 回 V105 副线阀 OMP2109；

（27）关闭 NH3 开车管线切断阀 OMP2116。

13. 浓缩水运以及解吸预热

（1）打开 PRC9502；

（2）打开充液阀 OMP2175，向 T101 充液；

（3）打开泵 P109A 前阀 OMP2188；

（4）打开泵 P109B 前阀 OMP2190；

（5）启动 P109A 泵；

（6）启动 P109B 泵；

（7）打开泵 P109A 后阀 OMP2189；

（8）打开泵 P109B 后阀 OMP2191；

（9）打开泵 P108A 前阀 OMP2184；

（10）打开泵 P108B 前阀 OMP2186；

（11）LRC9501 有液位后启动 P108A 泵；

（12）LRC9501 有液位后启动 P108B 泵；

（13）打开泵 P108A 后阀 OMP2185；

（14）打开泵 P108B 后阀 OMP2187；

（15）将 P106 出口三通切向 T101；

（16）打开 C-102 顶部放空阀 OMP2195；

（17）打开 FRC9703，向 C102 充液；

（18）打开充液阀 TMPV246，向 T102 充液；

（19）打开泵 P114A 前阀 OMP2180；

（20）打开泵 P114B 前阀 OMP2182；

（21）启动 P114A 泵；

（22）启动 P114B 泵；

（23）打开泵 P114A 后阀 OMP2181；

（24）打开泵 P114B 后阀 OMP2183；

（25）打开泵 P115A 前阀 OMP2081；

（26）打开泵 P115B 前阀 OMP2083；

（27）LIC9701 有液位后启动 P115A 泵；

（28）LIC9701 有液位后启动 P115B 泵；

（29）打开泵 P115A 后阀 OMP2082；

（30）打开泵 P115B 后阀 OMP2084；

（31）打 LIC9701，向 R102 充液；

（32）当 LIC9705 至 50% 后，停 P115A 泵；

（33）当 LIC9705 至 50% 后，停 P115B 泵；

（34）当 LIC9701 至 50% 后，停 P114A 泵；

（35）当 LIC9701 至 50% 后，停 P114B 泵；

（36）关闭充液阀 TMPV246；

（37）当真空浓缩器液位达到 50%，打开 OMP2176；

（38）打开真空浓缩液位控制调节阀 LRC9501；

（39）将真空浓缩器液位控制 LRC9501 投自动，设定在 50%；

（40）打开 LS 至 L113 的切断阀 OMP2131；

（41）将 PIC9312 的阀位开到 50；

（42）打开 C102 加热水蒸气副线阀 TMPV201，预热 C102 到 100 ℃以上；

（43）打开 R102 加热水蒸气副线阀 TMPV202，预热 R102 到 150 ℃以上；

（44）关闭 C-102 顶部放空阀 OMP2195；

（45）打开 TMPV281，将水蒸气冷凝至碳铵液槽；

（46）将水解器压力控制 PRC9701 投自动，设定在 0.6 MPa；

（47）控制 PRC9701 在 0.5～0.8 MPa。

14. 投　料

（1）将 PIC9807 投自动，并将 SP 设定在 12；

（2）调整 CO_2 压缩机出口压力，将 PIC9203 投自动，并将 SP 设定在 15.5；

（3）打开 PRC9207 的切断阀 TMPV287；

（4）打开 PRC9207 的切断阀 TMPV288；

（5）打开 NH_3 进合成截止阀 TMPV279；

（6）开 NH_3 进料电动阀 HS9206；

（7）打开 PIC9206 到 50%；

（8）关闭泵 P101A 回 V105 副线阀 OMP2103；

（9）关闭泵 P101B 回 V105 副线阀 OMP2106；

（10）关闭泵 P101C 回 V105 副线阀 OMP2109；

（11）打开 CO_2 进合成截止阀 OMP2123；

（12）缓慢打开 HIC9201 将 CO_2 引入反应器；

（13）略开 HIC9203；

（14）在后续调整过程中根据工况不断加大反应负荷，并注意对 CO_2 压缩机段间放空阀和四回一阀进行调整（注释不用操作）。

15. 投料后调整

（1）将 LIC9205SP 设定在 60，控制稳定；

（2）将 PIC9210SP 设定在 1.8，控制稳定；

（3）打开 E102B 水蒸气控制阀前截止阀 OMP2138；

（4）将 LIC9203 投自动，并将 SP 设定在 60%；

（5）打开 L113 中压水蒸气截止阀 OMP2137；

（6）将 PIC9312 投自动，SP 设定在 0.44，控制稳定；

（7）打开调节阀 TRC9301 将 E102 出料温度提至 100 ℃以上；

（8）打开 E103 水蒸气疏水控制阀前截止阀 OMP2150；

（9）打开调节阀 TRC9401 将 E103 出料温度提至 100 ℃以上；

（10）打开 E114 水蒸气疏水控制阀前截止阀 OMP2165；

（11）打开调节阀 TIC9502 将 E114 出口温度提至 90～100 ℃以上；

（12）打开 C101 至 P102 切断阀 TMPV231；

（13）启动 P102 润滑油泵；

（14）启动 P102 油温控制；

（15）打开泵 P102A 进口切断阀 OMP2110；

（16）打开泵 P102B 进口切断阀 OMP2112；

（17）打开泵 P102C 进口切断阀 OMP2114；

（18）打开泵 P102A 出口切断阀 OMP2111；

（19）打开泵 P102B 出口切断阀 OMP2113；

（20）打开泵 P102C 出口切断阀 OMP2115；

（21）启动 P102A 泵并调整转速；

（22）启动 P102B 泵并调整转速；

（23）启动 P102C 泵并调整转速；

（24）打开碳铵液进高压圈切断阀 TMPV286；

（25）打开碳铵液控制阀 HIC9204；

（26）关闭 HIC9301；

（27）开 HIC9202；

（28）将 C101 液位控制 LIC9302 投自动，设定在 50%；

（29）缓慢开 HIC9201 到 30%；

（30）当碳铵槽液位低时注意补水（注释不用操作）。

16. 出料后调节

（1）待反应温度稳定，继续开大 HIC9201 到 50%；

（2）慢慢开大 HIC9203 到 50%；

（3）将 PRC9207 SP 设定在 14.5 MPa；

（4）当 E101 液位 LRC9202 达到 50%以后，打开 HS9205；

（5）打开 LRC9202，向 V102 出料；

（6）将 LRC9202 投自动 SP 设定在 50%；

（7）将 TRC9301 投自动 SP 设定在 159 ℃；

（8）将 TIC9315 投自动 SP 设定在 70 ℃；

（9）打开 FRC9303，向 C103 补加吸收液；

（10）当 E111 液位达到 20%后启动 P107A；

（11）当 E111 液位达到 20%后启动 P107B；

（12）打开 LIC9303；

（13）当 E111 液位达到 50%后将 LIC9303 投自动，SP 设定在 50%；

（14）将 LIC9301 投自动，SP 设定在 50%；

（15）将 TRC9401 投自动 SP 设定在 139 ℃；

（16）当 L103 有液位后，打开 LIC9401，向 V104 出料；

（17）当 L103 液位到 50%后，LIC9401 投自动，设定 50%；

（18）打开浓缩 EJ151 水蒸气阀 OMP2170；

（19）将 PRC9502 投自动，SP 设定在-58 kPa；

（20）打开 FRC9401，向 C104 补加吸收液；

（21）当 V106 液位达到 50%后，打开 OMP2153，向解析塔出料；

（22）打开 V106 出料调节阀 FRC9701；

（23）关闭解析塔水蒸气副线，打开水蒸气调节阀 FRC9702，控制塔釜温度 151 ℃以上；

（24）当解析塔上部液位 LIC9701 上涨后，启动 P115A 向水解器出料；

（25）当解析塔上部液位 LIC9701 上涨后，启动 P115B 向水解器出料；

（26）关闭水解水蒸气副线，打开水蒸气调节阀 FRC9704，控制温度 236 ℃以上；

（27）将 PRC9701SP 值设定在 2.5 MPa；

（28）将 LIC9701 投自动，SP 设定在 50%；

（29）将 LIC9705 投自动，SP 设定在 50%；

（30）打开 P117A 前阀 OMP2085；

（31）打开 P117B 前阀 OMP2087；

（32）当 C102 液位达到 20%后启动 P117A；

（33）当 C102 液位达到 20%后启动 P117B；

（34）打开 P117A 泵后阀 OMP2086；

（35）打开 P117B 泵后阀 OMP2088；

（36）打开 OMP2193，把工艺水送出界区作锅炉补水用；

（37）打开 LIC9702；

（38）将 LIC9702 投自动，SP 设定在 50%；

（39）打开 P106A 前阀 OMP2161；

（40）打开 P106B 前阀 OMP2163；

（41）当 L104 液位达到 20%后启动 P106A；

（42）当 L104 液位达到 20%后启动 P106B；

（43）打开 P106A 泵后阀 OMP2162；

（44）打开 P106B 泵前阀 OMP2164；

（45）打开 LRC9402；

（46）当 L104 液位达到 50%后将 LRC9402 投自动，SP 设定在 50%；

（47）将出料三通阀切向 E114；

（48）将 TIC9502 投自动，SP 设定在 133 ℃；

（49）当真空浓缩器液位达到 50%，温度达到要求后，启动 P108 将尿液送往造粒。

17. 质量评分

（1）CO_2 压缩机一段出口温度；

（2）CO_2 压缩机一段出口压力；

（3）CO_2 压缩机一段冷却器出口温度；

（4）CO_2 压缩机二段出口温度；

（5）CO_2 压缩机二段出口压力；

（6）CO_2 压缩机二段冷却器出口温度；

（7）CO_2 压缩机三段出口温度；

（8）CO_2 压缩机三段出口压力；

（9）CO_2 压缩机四段出口温度；

（10）CO_2 压缩机四段出口压力；

（11）出透平中压蒸气压力；

（12）出透平中压水蒸气温度；

（13）CO_2 压缩机油冷器出口温度；

（14）CO_2 压缩机油滤器出口压力；

（15）进反应器 CO_2 流量；

（16）反应器底部温度；

（17）反应器上部温度；

（18）甲胺循环喷射器出口温度；

（19）气提塔顶温度；

（20）中压分解塔分离器 V102 温度；

（21）中压冷凝器 E106 出口温度；

（22）低压分解塔用罐 L103 温度；

（23）低压吸收塔压力；

（24）低压惰洗塔洗涤液流量；

（25）一段真空浓缩器温度；

（26）V110 温度；

（27）V110 压力；

（28）V105 液位控制在 50%；

（29）C102 液位控制在 50%；

（30）R102 液位控制在 50%；

（31）V110 液位控制在 50%。

18. 扣分步骤

（1）V105 液位过高；

（2）C102 液位过高；

（3）R102 液位过高；

（4）V110 液位过高；

（5）E105 液位过高；

（6）V109 液位过高；

（7）E101 液位过高；

（8）E111 液位过高；

（9）L102 液位过高；

（10）L103 液位过高；

（11）L104 液位过高；

（12）CO_2 压缩机四段出口温度过高；

（13）CO_2 压缩机四段出口压力过高；

（14）反应器底部温度过高；

（15）反应器上部温度过高；

（16）气提塔顶温度过高；

（17）低压吸收塔压力过高。

（二）正常停车

1. CO₂ 压缩机停车

（1）调节 HIC8205 将转速降至 6500 r/min；

（2）调节 HIC8162，HIC8101 将负荷减至 21 000 Nm³/h；

（3）调节 HIC8162，HIC8101，逐渐减少抽气与注气量；

（4）手动打开 PIC9203，将 CO₂ 导出系统；

（5）用 PIC9203 缓慢降低四段出口压力到 8.0 ~ 10.0 MPa；

（6）调节 HIC8205 将转速降至 6403 r/min；

（7）打开 PIC8203 到 50%；

（8）继续调节 HIC8205 将转速降至 6052 r/min；

（9）调节 HIC8162，HIC8101，将四段出口压力降至 4.0 MPa；

（10）关闭透平低压蒸气控制阀 FRC8203；

（11）继续调节 HIC8205 将转速降至 3000 r/min；

（12）关闭 HIC8205；

（13）关闭透平水蒸气切断阀 OMP1007；

（14）关闭二抽水蒸气切断阀 OMP1014；

（15）关闭二抽惰气切断阀 TMPV182；

（16）关闭一抽水蒸气切断阀 OMP1012；

（17）关闭一抽惰气切断阀 OMP1015；

（18）打开辅抽的惰气切断阀 OMP1016，使 E-122 真空度逐渐降为 "0"；

（19）关闭 CO₂ 进界区大阀 OMP1004；

（20）停冷凝液泵 P118A；

（21）关闭油冷却器冷却水阀门 TMPV181。

2. CO₂ 退出系统

（1）关闭 CO₂ 进合成塔控制阀 HIC9201；

（2）关闭 CO₂ 进合成塔切断阀 OMP2123。

3. 氨液退出

（1）停高压碳铵液泵 P102A；

（2）停高压碳铵液泵 P102B；

（3）关闭碳铵液入高压圈控制阀 HIC9204；

（4）打开碳铵液去 V106 控制阀 HIC9301；

（5）关闭碳铵液入合成塔控制阀 HIC9202；

（6）停高压氨泵 P101A；

（7）停高压氨泵 P101B；

（8）关闭氨切断阀 TMPV279；

（9）关闭氨入合成塔快速切断阀 HS9206；

（10）关闭 L101 压力调节 PIC9206；

（11）关闭 LIC9305；

（12）关闭 LIC9305 前切断阀 OMP2136；

（13）打开 P-105 小副线切断阀 OMP2140 向 V-105 打循环；

（14）关闭 PIC9207A/B 切断阀 TMPV287；

（15）关闭 PIC9207A/B 切断阀 TMPV288；

（16）手动全开 LRC9202；

（17）当 LRC9202 液位降至 0 时，关闭 LRC9202；

（18）关闭 E101 出料快速切断阀 HS9205；

（19）降 PIC9210 至 1.5 MPa；

（20）打开 TMPV235 排残液；

（21）打开 TMPV239 排残液；

（22）打开 TMPV287 反应器泄压；

（23）手动全开 PRC9207；

（24）关闭 TMPV235；

（25）关闭 TMPV239。

4. 停蒸发循环

（1）关闭 EJ151 水蒸气切断阀 OMP2170；

（2）打开 PRC9502 破真空；

（3）手动关小 TIC9502 降温；

（4）将 L104 出料切换 T101；

（5）当真空浓缩器液位 LRC9501 空后停泵 P108A。

5. P-103 打循环

（1）打开 P103 循环切断阀 OMP2156；

（2）打开 P103 循环切断阀 OMP2126。

6. 排放系统

（1）全开 V109 液位控制 LIC9203；

（2）全开 E105 液位控制 LIC9205；

（3）L102 温度控制在 158 ℃；

（4）L103 温度控制在 138 ℃；

（5）手动打开 LIC9303；

（6）控制 LRC9402 为 50%；

（7）手动打开 LIC9301；

（8）手动打开 LIC9401；

（9）当 LIC9301 液位降至 0 时，关闭 LIC9301；

（10）当 LIC9301 降为 0 时，主控关 FRC9302；

（11）主控关 FRC9303；

（12）当 LIC9303 降为 0 时，主控关 LIC9303；

（13）停泵 P107A；

（14）当 LIC9401 液位降至 0 时，关闭 LIC9401；

（15）手动打开 LRC9402；

（16）当 LRC9402 液位降至 0 时，关闭 LRC9402；

（17）当 LRC9402 降为 0 时，停 P-106A。

7. 停 P105

（1）关闭 P-105 小副线切断阀 OMP2140；

（2）打开 P-105 至界区外的切断阀 OMP2134；

（3）当 V-105 的液位拉完后，停 P-105A；

8. 解析停车

（1）当高压排放完毕，停 P-103A；

（2）打开 C-102 放空阀 OMP2195；

（3）关解吸并低压切断阀 TMPV281；

（4）手动关闭 LIC9701；

（5）手动关闭 FRC9702；

（6）手动关闭 FRC9704；

（7）手动关闭 FRC9703；

（8）停 P-114A；

（9）停 P-115A；

（10）当 LIC-9702 液位降为 0 时，停 P-117A；

（11）手动打开 PRC9701；

（12）稍开 FRC9702 的副线阀 TMPV201；

（13）稍开 FRC9704 的副线阀 TMPV202；

（14）手动关闭 FRC9401。

9. 停水蒸气系统

（1）关闭 V-109 至 L-113 切断阀 OMP2137；

（2）手动关闭 PIC9312；

（3）手动关闭 PIC8203；

（4）手动全开 PRC9218。

10. 停脱盐水

（1）停 P-111；

（2）停 P-113A；

（3）手动关闭 LIC9801；

（4）关闭 LIC9801 前截止阀 OMP2089；

（5）手动打开 PRC9804；

（6）手动关闭 PRC9803B；

（7）手动关闭 TIC9810；

（8）手动关闭 PIC9808；

（9）手动关闭 PIC9815；

（10）手动关闭 PIC9807；

（11）停 P-110A。

11. 扣分步骤

（1）V105 液位过高；

（2）C102 液位过高；

（3）R102 液位过高；

（4）V110 液位过高；

（5）E105 液位过高；

（6）V109 液位过高；

（7）E101 液位过高；

（8）E111 液位过高；

（9）L102 液位过高；

（10）L103 液位过高；

（11）L104 液位过高；

（12）CO_2 压缩机四段出口温度过高；

（13）CO_2 压缩机四段出口压力过高；

（14）反应器底部温度过高；

（15）反应器上部温度过高；

（16）气提塔顶温度过高；

（17）低压吸收塔压力过高。

四、事故及处理方法

1. 高压系统联锁动作

现象：（1）PI9204>16.47 MPa。

（2）HV9202、HV9205、HV9206 自动关闭。

（3）P101A/B/C 跳车。

原因：PSXH9205 ≥ 16.47 MPa。

处理：（1）PV9203 打开，CO_2 退出放空，同时手动关闭 HV9201。

（2）停 P102A/B/C，关 HV204。

（3）关 PV207A/B，LV9202，高压系统封闭保温保压。

（4）通过 PV9218，PV803A/B 维持水蒸气系统运行。

（5）蒸发循环，开 PV3502，关 TV502。

（6）中、低压保温、保压、循环（P103A/B 运行）低压解吸隔离，解吸放空。

（7）分析 PSXH9205 高联锁原因。

2. 高压 NH₃ 泵 P101A/B/C 联锁动作（跳车）

现象：（1）运行泵指示灯变为红色并报警。

（2）FR101/102/103 无流量指示，HV9202 自动关闭。

（3）PIC206、TR205 降低，TR204 上升，TI408 升高。

原因：P101A/B/C 故障。

处理：（1）开 PV9203，同时关 HV9201，CO_2 退出放空。

（2）压机降负荷保压运行。

（3）其他按紧急停车处理。

3. 断冷却水

现象：（1）PRA9001，FR9001 迅速下降，FR9003 下降且 PR9001 低报。

（2）K101 跳车。

（3）PRC305，TIC315，TR310，TI311，TI318，PIC403，TI406，PRC502
上升较快。

原因：循环水管网故障。

处理：立即停车。

4. P102 跳车

现象：（1）FR104/105/106 无流量指示，并发出跳车报警。

（2）FRC207 压力上升较快。

（3）LIC302 上升较快。

（4）LR201 下降，LV202 自控时关小。

原因：P102A/B/C 故障。

处理：（1）打开 HV301 与 LV302 配合，控制 LIC302 正常。

（2）启动 P111，在 HV204 阀后加 KW。

（3）相应（关小）HV203、LV202。

（4）适当降负荷。

（5）长时间 P102 不能恢复，停车处理。

5. 高压系统超压

现象：（1）PRC207 压力超标且 PV207A 自动开大。

（2）PRC305 上升。

原因：（1）$n(NH)_3/n(CO)_2$、$n(H_2O)/n(CO_2)$ 失调。

（2）PV207A 阀卡或阀后管线堵。

（3）HV202 阀卡或 V101 下液管堵，造成（LR201）满液。

（4）（V101）LIC205 液位过低。

处理：（1）调 SI101/102/103/SH104/105/106。

（2）用 KW 处理 PV207A 阀及阀后管线，开 PV207B 阀维持压力。

（3）KW 处理 HV202 及 V101 下液管线。

（4）调节 LIC302，防止窜液或 CO_2 上窜，进入 E109，V105。

（5）关小 LIC205B 阀。

6. V101 满液

现象：（1）PRC207 上升。

（2）LR201 指示 100%。

（3）TRC301 下降。

原因：（1）HV202 阀卡或 V101 下液管堵。

（2）HV203 开度小，PZ206 开度过大或过小。

（3）FR104/105/106 量大。

处理：（1）联系处理 HV202 阀及下液管。

（2）开大 HV203，与负荷相对应，关小 PZ206 开度。

（3）稍降 SI104/105/106。

（4）开 PV207B 维持高压压力。

7. V109 液位低联锁

现象：（1）PV210，HV303 自动关闭。

（2）TI210 下降，PIC210 下降。

（3）PRC218 升高自控开大，PSV807 跳，PIC312 下降，PZ312 自动开大。

（4）TIC301 下降，PRC305 升高，TIC401 下降，PIC403 升高。

（5）TRC502，PRC502 下降，蒸发循环。

原因：LIC203 液位低于 20%。

处理：（1）通过 PV218、PV803A/B 稳定 MS、LS 管网压力。

（2）全开 LV203A 切断阀及副线向 V109 补液。

（3）监视 P110A/B 电流防止跳，必要时开两台。

（4）待 LIC203 高于 20%，联锁消除后，缓开 PV210 及 HV303 阀。

8. P103A/B 跳车，备用泵不备用

现象：（1）P103A/B 跳车报警。

（2）LI403 上升较快，FIC701 无流量。

（3）PRC305 上升。

（4）LIC302 波动。

（5）PIC403 上升。

原因：P103A/B 故障。

处理：（1）降低 SI104/105/106。

（2）开大 FV303，LV303。

（3）开大 FV302，增加回流 NH_3 量。

（4）P103A/B 出口加 HW，维持 LIC302 正常，必要时开塔盘冲洗水。

（5）解吸与低压隔离，解吸放空。

（6）V106 液位 LI403 高时，通过 CD 排放至 T104。

9. 低压系统超压

现象：（1）PIC403 超高，自控时 PV403 开大。

（2）PR402，PIC403 压差减小且同时上升。

（3）PI408 上升。

原因：（1）前系统 $n(NH)_3/n(CO)_2$、$n(H_2O)/n(CO_2)$ 失调。

（2）TIC301 过低，LIC301 过低，中压向低压窜气。

（3）TI701 低，气相含水少。

（4）HV301 阀漏或 HV301 未开向 V106 排放。

（5）解吸超压，与低压系统未隔离。

（6）E108 结晶堵塞，PR402 上升。

（7）PV403 阀故障，FV401 开度小，C104 吸收效果不好。

处理：（1）调节 SI101/102/103，SI104/105/106。

（2）开大 TV301，关小 LV301。

（3）联系处理 PV403 阀，开副线阀，E108 结晶，关冷却水出口阀，加 HW 冲洗水（E108）。

（4）解吸与低压隔离，解吸放空。

（5）开大 FV401，增大吸收效果。

10. 蒸发系统真空度提不起来

现象：PRC502 指示低于正常指标。

原因：（1）PIC403 高，使游离 NH_3 含量高。

（2）冷却水温度高，流量低，TI9001 高，FR9001 低。

（3）PV502 阀故障。

（4）LI502 过低。

（5）蒸发负荷大尿液浓度稀。

（6）V114 喉管堵。

（7）EJI51 低压水蒸气滤网堵。

（8）E151/E152 下液管堵。

处理：（1）蒸发被迫循环，打开 HV601，关闭 PV618。

（2）稳定前系统，使 PIC403 在正常范围，用手轮卡死 PV502 阀。

（3）调度降低 TI9001，提高 PR9001。

（4）关小 FV703 或打开 LW，提高 LI502 液位。

（5）稍降蒸发负荷，关小 LV402，提高尿液浓度。

（6）现场冲洗 V114 喉管，处理 E151/152 下液管。

（7）清理滤网或更换。

思考题

1. 简述尿素工艺的生产原理。
2. 简述尿素工艺的工艺流程。
3. 断冷却水有何现象？主要原因是什么？应如何处理？

参考文献

[1] 沈王庆，李国琴，黄文恒. 化工基础实验[M]. 成都：西南交通大学出版社，2019.

[2] 康顺吉，万俊桃. 化工原理[M]. 上海：上海浦江教育出版社，2020.

[3] 姚玉英，黄风廉，陈常贵，等. 化工原理（上，下册）[M]. 天津：天津科学技术出版社，2012.

[4] 武汉大学. 化学工程基础[M]. 2 版. 北京：高等教育出版社，2015.

[5] 王志魁，向阳，王宇. 化工原理[M]. 5 版. 北京：化学工业出版社，2019.